全国高等教育中药、药学专业系列教材

# 药用植物学与生药学实验指导

陆 叶 刘春宇 主编

苏州大学出版社

图书在版编目(CIP)数据

**药用植物学与生药学实验指导** / 陆叶,刘春宇主编. —苏州:苏州大学出版社,2014.12(2024.2重印)
全国高等教育中药、药学专业系列教材
ISBN 978-7-5672-1136-0

Ⅰ.①药… Ⅱ.①陆… ②刘… Ⅲ.①药用植物学—实验—高等学校—教学参考资料②生药学—实验—高等学校—教学参考资料 Ⅳ.①Q949.95-33②R93-33

中国版本图书馆CIP数据核字(2014)第292526号

**药用植物学与生药学实验指导**

陆 叶 刘春宇 主编

责任编辑 倪 青

苏州大学出版社出版发行
(地址:苏州市十梓街1号 邮编:215006)
广东虎彩云印刷有限公司印装
(地址:东莞市虎门镇黄村社区厚虎路20号C幢一楼 邮编:523898)

开本 787 mm×1 092 mm 1/16 印张 6.5 字数 163 千
2014年12月第1版 2024年2月第6次印刷
ISBN 978-7-5672-1136-0 定价:32.00元

苏州大学版图书若有印装错误,本社负责调换
苏州大学出版社营销部 电话:0512-67481020
苏州大学出版社网址 http://www.sudapress.com

全国高等教育中药、药学专业系列教材

# 《药用植物学与生药学实验指导》编委会

主　审：杨世林（苏州大学药学院）

主　编：陆　叶　刘春宇（苏州大学药学院）

副主编：曾建红（三峡大学医学院）

　　　　尹海波（辽宁中医药大学药学院）

编　委：刘春宇　陆　叶　张　健（苏州大学药学院）

　　　　尹海波　许　亮　张建逵（辽宁中医药大学药学院）

　　　　杨成梓（福建中医药大学药学院）

　　　　曾建红（三峡大学医学院）

　　　　王晓华（桂林医学院药学院）

　　　　刘　娟（佳木斯大学药学院）

　　　　鞠宝玲（牡丹江医学院）

药用植物学是一门实践性很强的学科,其实验和野外实践教学是非常重要的环节。生药学是药学专业一门重要的专业课,是药用植物学的后续课。本实验指导根据药用植物学和生药学两门课的教学大纲,进行精简提炼,将两门课程的实验进行有机结合,学生可以连续学习两门课程并实践,符合学生对知识的认知和构建过程,加强了学生的动手能力、实验设计能力、综合能力及科学思维,从而提高学生的学习效率,培养学生分析问题、解决问题的良好科学素质。同时,本实验教材涉及的显微、解剖及理化鉴别图均为自拍的彩图,真实、形象、生动,便于学生掌握。

本书分为三部分。第一部分为仪器的使用和实验基本技术,主要介绍了显微镜的结构和使用、植物制片方法、显微绘图技术、植物标本的采集和制作等方面的知识。第二部分为药用植物学实验内容,共有8个综合实验,其中2个为课外实践。第三部分为生药学实验内容,共有12个综合实验,其中2个为设计性实验。鉴于不同院校实验条件及实验材料的不同,可自行选择适合的材料。每个实验后有实验作业,便于考查学生对实验完成情况及对理论知识的掌握程度。

本书内容比较全面,适用于药学、中药学及生物制药等专业本科、专科等不同层次学生使用,也是从事药学、中药类专业工作人员的参考书。

由于编写时间仓促,书中难免有不足之处,诚恳地希望各中药、药学专业院校的师生在使用过程中提出宝贵意见,以便再版时进行修改和完善,使本书更加符合中药、药学专业学生和广大读者学习的需要。

《药用植物学与生药学实验指导》编委会
2014年10月31日

# 目 录

## 第一部分 仪器的使用和实验基本技术

    一、显微镜的结构和使用 ………………………………………………………… (1)

    二、植物制片方法 ………………………………………………………………… (2)

    三、显微绘图技术 ………………………………………………………………… (3)

    四、植物的采集和腊叶标本的制作 ……………………………………………… (6)

## 第二部分 药用植物学实验内容

    实验一 植物的细胞 ……………………………………………………………… (9)

    实验二 植物的组织 ……………………………………………………………… (11)

    实验三 根的显微构造 …………………………………………………………… (13)

    实验四 茎的显微构造 …………………………………………………………… (14)

    实验五 叶的显微构造 …………………………………………………………… (16)

    实验六 花的解剖 ………………………………………………………………… (17)

    实验七 校园植物营养器官的形态 ……………………………………………… (18)

    实验八 校园植物繁殖器官的形态 ……………………………………………… (19)

## 第三部分 生药学实验内容

    实验一 显微制片与测量 ………………………………………………………… (21)

    实验二 生药挥发油的含量测定 ………………………………………………… (23)

    实验三 根和根茎类生药的鉴定(一)——甘草、人参 ……………………… (24)

    实验四 根和根茎类生药的鉴定(二)——黄芩、麦冬 ……………………… (26)

    实验五 根和根茎类生药的鉴定(三)——黄连、天麻 ……………………… (28)

    实验六 茎木类、皮类生药的鉴定——沉香、黄柏 …………………………… (30)

实验七　叶类生药的鉴定——番泻叶

　　　　花类生药的鉴定——金银花 …………………………………………（31）

实验八　果实、种子类生药的鉴定——苦杏仁、五味子 ………………………（33）

实验九　全草类生药的鉴定——麻黄、薄荷 ……………………………………（35）

实验十　菌类、动物类、矿物类生药的鉴定 ……………………………………（37）

实验十一　质量标准的制定 ………………………………………………………（38）

实验十二　未知生药混合粉末和药材的鉴别 ……………………………………（41）

# 附　录

一、常用试剂的配制和使用 ………………………………………………………（44）

二、植物检索表 ……………………………………………………………………（46）

　　蕨类植物门分科检索表 …………………………………………………………（46）

　　裸子植物门分科检索表 …………………………………………………………（53）

　　被子植物门分科检索表 …………………………………………………………（54）

# 第一部分 仪器的使用和实验基本技术

## 一、显微镜的结构和使用

（一）显微镜的结构

1. 机械系统

（1）镜座：是显微镜的底座，用以固定和支持镜身。有的镜座右后方有光源开关和调节旋钮。

（2）镜臂：连接目镜、物镜和载物台并固定在镜座上。

（3）载物台：安放标本片的平台，方形，上面有夹子固定标本片。中央有一通光孔，平台右下方有旋钮可用于上、下、左、右移动标本片。

（4）物镜转换器：呈圆盘形，固定在镜筒下方，其上有 3～4 个物镜螺旋口，安装低倍镜、高倍镜和油镜。旋转转换器可将所需物镜转移至镜筒的正下方，使物镜的光轴与目镜的光轴同心。

（5）镜筒：是中空的圆筒，其上端放置目镜，下端连接物镜。镜筒有直立式和倾斜式两种。

（6）调焦装置：镜臂的两侧有两对齿轮，大的一对为粗螺旋调焦器，转动时可以使镜筒升降，转动一圈可以升降 10mm；小的一对为细螺旋调焦器，转动一圈可以使镜筒升降 0.1mm。

2. 光学系统

（1）目镜：安装于镜筒的上端，由一组透镜组成，可把被物镜放大了的实像进一步放大。常用目镜的放大倍数有 8×、10×、15×。放大倍数越低，其镜头长度就越长；反之亦然。

（2）物镜：安装在物镜转换器上，一般显微镜上有 3～4 个物镜。常用物镜的放大倍数有 4×、10×、40×、100×（油镜）。放大倍数越低，物镜镜头越短，透镜直径就越大；反之亦然。

（3）集光器：位于载物台通光孔下方。集光器可以将光线聚集，通过通光孔射到标本片上，还可以上下调节适宜的光度。一般以集光器上端低于载物台平面约 0.1mm 高度为宜。

（4）反光镜：由平面镜和凹面镜组成双面镜，位于集光器下方，可以旋转。目前，多数光源从下方直接发出。

（二）显微镜的使用

（1）打开镜座右后方的光源开关，并将其前方的调节光亮度的旋钮旋转至适宜光强度。将所需观察的标本片放于载物台上，盖玻片盖在上面，用夹子将其固定住，同时将标

本片中的组织部分对准通光孔的中央。

（2）先选择物镜中的低倍镜筒,旋转粗螺旋调焦器将镜筒下降,使物镜与标本片相距约1cm。再旋转细螺旋调节器,使物像清楚为止,然后转换为高倍镜进行观察和绘图。

（3）可以将显微镜连接至电脑,安装相应的采集图片的软件,在显示屏上观察物像,也可以进行拍照保存。

（4）观察结束后,取下标本片,关闭调节光强度旋钮和电源开关,并将物镜镜筒移开通光孔。

## 二、植物制片方法

（一）临时制片法

将实验材料（单细胞、表皮、水绵等低等植物）直接放于载玻片上,加水或水合氯醛。加水的直接盖盖玻片即可,然后用纸将周围的液体擦净。一些药材（先将药材烘干、粉碎,过5~6号筛）取适量粉末滴加水合氯醛2~3滴后,需要用酒精灯加热。加热至粉末颗粒无色,并保证加热过程中液体未干。待冷后,滴加1~2滴稀甘油,盖片,然后用纸将周围的液体擦净,于显微镜下观察。

（二）整体封固法

某些体积很小或扁平状的材料,如花瓣、花萼、雄蕊、柱头或苔藓类、藻类、菌类的叶状体及丝状体等,可以不经过切片,直接将材料的整体用水、甘油醋酸试液或水合氯醛进行装片,再进行观察。

（三）压片法

压片法是将植物的幼嫩器官,如根尖、茎尖和幼叶等压碎在载玻片上的一种非切片制片法,可以制成临时或永久保存的标本片。

（四）解离法

解离法是用化学药品（常见的是硝酸铬酸等量混合配成解离液）将样本的细胞胞间层溶解后观察细胞的完整形态的一种方法,常用于观察纤维和导管等。

（五）徒手切片法

（1）选用锋利的刀片。

（2）新鲜材料一般以3~5mm²为宜。坚硬的材料可用水煮或用50%乙醇-甘油（1∶1）浸泡,软化后再切片。若材料过软,则可置70%~95%乙醇中浸泡20~30min。

（3）一般用左手大拇指、食指和中指三个手指拿住材料,材料突出于指尖,右手拿刀片。将刀口放在材料平面中间,轻压,均匀用力自左前方向右后方滑行切片,不宜过于用力,但动作要敏捷,切片越薄越好,切下的薄片用湿毛笔将其移至盛有水的培养皿中。过于柔嫩的材料,也可以夹入坚固易切的支持物中,一般选用胡萝卜、马铃薯等。切下的薄片也可用0.1%番红溶液对细胞核及木质化、栓质化的细胞壁染色后再观察。刀片用后立即擦去水分或再涂上液状石蜡,备用。

（六）石蜡切片法

（1）取材：长度以 0.2～0.5cm 为宜，直径小于盖玻片；叶或苞片，多自叶脉处切割，带有部分叶肉组织；果实、种子应剖开。干燥材料须泡软后进行切割取材。

（2）固定、冲洗：F. A. A.（甲醛溶液 5mL，冰醋酸 5mL，70% 乙醇 90mL）固定 10～24h 或更长时间，固定后材料须用流水冲洗至中性。

（3）脱水：用乙醇除净细胞内的水分。30%→40%→50%→60%→70%→80%→90%→100% 逐级脱水，一般每隔 1～3h 更换一级乙醇，无水乙醇中须更换一次，每次 0.5～1h。

（4）透明：用二甲苯 25%→50%→75%→100%，进入纯二甲苯时，需要换一次试剂。

（5）浸蜡：加石蜡时，由少增多，分次加入，最后换纯石蜡。

（6）包埋：叠合适大小的盒子，用于包埋。

（7）切片：用切片机切 10～15μm 厚的切片。

（8）粘贴：明胶粘贴剂粘贴用 40℃ 水烫平的蜡片。

（9）脱蜡：纯二甲苯（10～15min）、二甲苯无水乙醇等量、无水乙醇（5～10min）。

（10）染色制片：95%→80%→65%→50% 乙醇（各级乙醇分别 5～10min），番红乙醇（1g 溶于 100mL 50% 乙醇，过滤）中染色 1～4h，60%→80%→95% 乙醇移入固绿（0.1g 或 0.5g 溶于 100mL 95% 乙醇）二重染色 1～2min，95%→100% 乙醇（两次）→无水乙醇：二甲苯（1：1）→纯二甲苯（两次），每级 2～3min。

（11）封藏和贴标签：用加拿大树胶封片，标签在左。

## 三、显微绘图技术

（一）徒手绘图法

徒手绘图法是指直接将显微镜中观察到的物像用铅笔进行绘图。选择组织特征典型、有代表性的物像进行绘图，先用颜色较浅的 2H 铅笔轻轻地画在纸上，满意后，再用较深的 HB 铅笔勾画一遍即可。但绘图时须注意以下几点：

（1）线条要粗细均匀、圆滑，明暗一致。

（2）显示立体结构（如球形、圆柱体）可用透视线来表示，用圆点衬托明暗光线，不能涂影，点要小而圆，由密到稀逐步过渡。

（3）各部位应先画出引线，再注文字。引线须水平向右，并右对齐。用直尺绘引线，要求细直、均匀、不交叉，注释数字用 1、2、3……

（4）图题和文字注释在图的正下方。注意整个图的排版、整齐和清楚。图题后的括号内写明放大倍数。

（二）显微绘图的种类

（1）组织简图：用点线或符号绘制，表示横切面或纵切面上各种组织细胞界限和分布等情况。简图突出了各组织层次和构造的典型特征，在生药学研究和实际应用中起重要的作用。植物组织、后含物简图常用符号如图 1-1 所示。生药组织简图表示法如图 1-2

所示。简图宜在低倍镜下观察绘制。

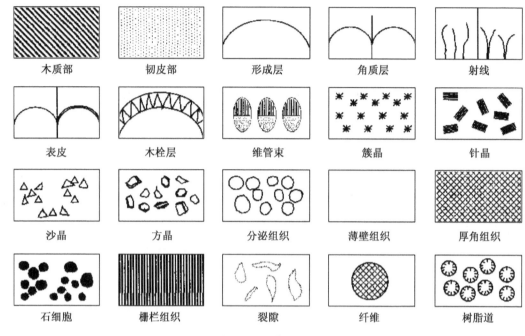

图1-1 植物组织、后含物简图常用符号

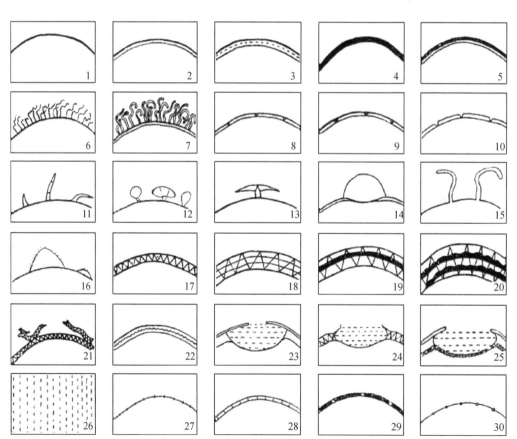

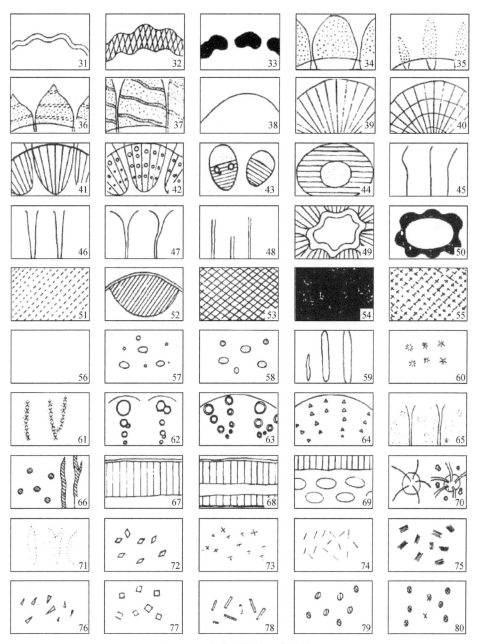

**图 1-2　生药组织简图表示法**

1.2. 表皮　3. 复表皮　4.5. 厚壁性表皮　6.7. 蜡被　8.9.10. 气孔　11. 非腺毛　12. 腺毛
13. 鳞毛或盾状毛　14. 储水毛　15. 根毛　16. 乳突　17.18. 薄壁性木栓组织　19.20. 厚壁性木栓组织
21. 落皮层　22. 复皮层　23.24.25. 皮孔　26. 绿皮层　27.28. 薄壁性内皮层　29. 厚壁性内皮层
30.31. 薄壁性中柱鞘　32.33. 厚壁性中柱鞘　34.35. 韧皮薄壁性组织　36.37. 韧皮部颓废组织
38. 形成层　39.40. 木本双子叶植物或松柏类裸子植物　41. 草本双子叶植物　42. 藤本双子叶植物
43.44. 单子叶植物或蕨类植物　45. 狭窄射线　46. 宽阔射线　47. 初生射线　48. 次生射线
49. 薄壁性髓鞘　50. 厚壁性髓鞘　51.52. 厚角组织　53. 石细胞　54. 纤维晶　55. 厚壁性细胞
56. 基本薄壁组织　57.58. 分泌细胞　59. 分泌道　60.61. 乳汁管　62.63. 导管　64. 管胞　65. 筛管或筛胞　66. 根迹、叶迹或叶细脉维管束　67.68. 栅栏组织　69. 海绵组织　70. 星点　71. 裂隙　72. 片晶
73. 簇晶　74.75. 针晶或针晶束　76. 砂晶　77. 方晶　78. 柱晶　79. 碳酸钙结晶　80. 硅酸钙结晶

(2) 组织详图:用来表明药材组织中各种细胞、内含物的形态及排列情况,以此说明组织的详细构造特点来鉴别生药。一般用单线画薄壁细胞;对于厚壁细胞,如纤维、石细胞、导管、木栓细胞等,一般用双线或三线条画出细胞形状,表示壁厚度;对于厚角组织,根据细胞壁增厚的部位,描图时可增大细胞间间距,以表示增厚情况;对于细胞内的后含物,如结晶、淀粉粒等,应根据具体情况表现出立体感。详图宜在高倍镜下观察绘制。

(3) 粉末特征图:选择具有代表性的特征进行描绘,单个细胞要求完整,组织碎片可以选绘典型部分,一律绘制详图。鉴别特征要按类别画出来,同一类细胞或内含物应画在一起,以便于比较,一目了然。绘图时注意形状、大小,还要表现立体感,外壁线条要粗,内壁线条要细。各粉末特征在版面中的排列既要相对集中,又要互相交错,自然美观。各粉末特征标以数字进行图注,图题后要标出放大倍数。粉末特征图宜在高倍镜下观察绘制。

## 四、植物的采集和腊叶标本的制作

(一) 采集用具

标本夹、采集箱、吸水纸、枝剪、小铁锹、野外采集记录本、号牌、线、标本台纸、放大镜、镊子、单面刀片、胶水、胶带、小纸带、鉴定标签等。

(二) 标本的采集与记录

采集一份好的植物标本有以下三个要求:(1) 标本越完整越好,所采植物标本应尽可能具有较多的器官(根、茎、叶、花、果实和种子)。(2) 标本越能保持原样越好。(3) 对植物标本的生境描述得越清楚越好。

1. 木本植物标本的采集

木本植物包括乔木、灌木和木质藤本类。在采集时,要选取生长正常、无病虫害的植物;对有花和果实的植株,用枝剪剪取长约35cm的二年生枝条,把枝条末端剪成斜口,以便于观察髓部。枝条剪下后,先做简单的修整,将过多的叶去掉,以便于压制。采集木本植物标本时,一般不需要挖取根部和剥取树皮;但当根或树皮比较特殊或有特殊经济价值时,可采集一部分附于标本上。

2. 草本植物标本的采集

草本植物的种类繁多,个体差异很大,采集方法应视具体情况而定。一般应将地上部分和地下部分都采集到。

3. 采集记录

主要记录以下三个方面的内容:

(1) 生境。

(2) 对植物简明扼要的描述,主要记录干燥后无法观察的特点,如颜色、气味等。

(3) 采集人、采集时间和采集号码。采集时使用的表格一般包括下列内容:

## （单位名）植物标本野外采集记录

采集号码_____  标本份数_____

地　　点_____  海拔(m)_____

生　　境_____  植株高(m)_____

习　　性_____  胸径(cm)_____

茎(树皮)_____  叶(叶序)_____

花(花序)_____  果实(种子)_____

土　　名_____  正　　名_____

学　　名_____  科　　名_____

采集人_____  采集时间____年____月____日

用　　途_____

备　　注_____

（三）腊叶标本的压制与干燥

采集到植物标本后,应及时压制、干燥。其基本步骤如下:

（1）整理标本。若植物体上的枝叶过于密集,可去除植物体上的一部分枝叶,以保证压制后标本上的枝叶不致重叠太多,尤其不能使花、果实等部分重叠。然后,把标本剪成长约30cm、宽约25cm大小,以便正好能放在台纸上。若根部泥土过多,应洗净晾干后再压制。

（2）压制。把整理后的植物标本置于放有吸水纸的一扇标本夹上,将其枝叶展开,并使其中一部分小枝或叶片反折铺平,从而在同一标本上既能看到叶的正面又能看到叶的背面。然后,在标本上放2~3张吸水纸,标本与吸水纸相间重叠摆放。当重叠到一定高度时,在最上面放5~10张吸水纸,把另一扇标本夹放在上面,用绳子将标本夹扎紧,使标本夹的四角大致相平。

（3）换纸。换纸时,用干燥的吸水纸垫在下面,把植物标本从湿纸上取出后轻轻放在干燥的纸上,换完后仍按上述方法将标本夹扎好。每天换纸2~3次,新压制的植物标本和含水量较多的植物标本换纸次数要更多些。当植物标本基本干时,可隔天换一次纸,直到标本全部干燥为止。

（四）腊叶标本的消毒

从野外采集、压制干燥后的植物标本常带有微生物、虫和虫卵,在贮藏过程中会使标本发霉、腐烂或被蛀食。因此,经压制干燥后的植物标本在装订到台纸上之前,一定要经过消毒。植物标本消毒就是用物理的、化学的方法杀死标本上的微生物、虫和虫卵,从而使标本能长期保存的过程。植物标本消毒最常用的方法是高温消毒法和化学消毒法。

1. 高温消毒法

这种消毒方法所需设备简单,操作方便,常用于标本量较少时。把要消毒的植物标本

连同吸水纸一起放入烘箱中,加温到60℃,恒温保持6~8h,即可达到消毒的目的。用高温消毒法进行植物标本消毒应注意下列三点:

(1) 植物标本一定是经压制干燥后的标本,未经压制的标本会因失水过快而收缩变形。

(2) 烘箱的温度要缓缓加温。

(3) 消毒后要等到标本自然冷却并恢复原样后再轻轻取出,因为经高温消毒后的植物标本非常脆,很容易折断。

2. 化学消毒法

化学消毒法就是用氯化汞、乙醇、石炭酸和樟脑等化学物质配成的消毒液杀死标本上的微生物、虫和虫卵的过程。这是目前应用最广的一种植物标本消毒方法。其特点是消毒彻底,但操作过程长,工作量大,且氯化汞等物质会污染环境。

(五) 腊叶标本的装订

把植物标本装订到台纸上的过程被称为标本装订。标本的装订是为了贮藏、查看和交换方便。植物标本只有装订到台纸上,并附上编号、记录等才算一份完整的标本。

具体的装订方法是:将白色台纸(长约39cm,宽约27cm)平整地放在桌面上,然后把消毒好的植物标本放在台纸上,摆好位置,在右下角和左上角都要留出贴定名笺和野外记录笺的位置(若标本横放,则在右上角和左下角留出贴定名笺和野外记录的位置)。这时便可沿标本主枝两侧用小刀在台纸上切出数个小纵口,再用具有韧性的纸条由纵口穿入,从背面拉紧,并用胶水在背面粘牢。对于小枝和某些叶片,可在其下方涂少量胶水,让其粘贴在台纸上。也可用纸订法、胶着法等装订植物的标本。装订后的植物标本即可用于鉴定和保存。

# 第二部分 药用植物学实验内容

## 实验一 植物的细胞

一、实验目的
1. 掌握植物细胞的基本构造。
2. 掌握显微镜的构造及使用方法。
3. 掌握临时制片法(水合氯醛法)。
4. 掌握植物细胞后含物的种类及类型。

二、实验内容
1. 洋葱表皮细胞

取洋葱鳞叶,用刀片在其内表皮上轻轻划 0.5cm² 的方形,用镊子快速撕下(撕开面朝下),置于载玻片已备好的水滴上,盖上盖玻片于低倍显微镜下观察,可见排列整齐、近长方形的细胞群(图 2-1)。选择其中清晰完整的一个细胞于高倍镜下观察。

为了进一步观察细胞的各部分,可用稀碘液染色。(于盖玻片一侧滴入碘液,同时于盖玻片的另一侧用吸水纸吸)显微镜下可见细胞壁不被染色;细胞质染色较浅,有时被大液泡挤成一薄层,仅细胞的两端较明显;细胞核为小圆球体,染色较深,位于细胞中央或紧贴细胞壁(由于中央大液泡的形成);在成熟的细胞中可见一个大的液泡,幼嫩的细胞内可看到多个小的液泡。

图 2-1 洋葱表皮细胞(200×)

2. 草酸钙结晶

取麻黄粉末少许,放于载玻片上,滴加水合氯醛 2~3 滴,用木签搅匀,在酒精灯上先均匀受热,然后把粉末置于酒精灯的外焰加热,水合氯醛刚沸就马上移开,添加水合氯醛,防止蒸干。加热至粉末组织变为透明即可。待玻片稍冷,再滴加稀甘油一滴,盖上盖玻片,用纸擦干净盖玻片周围,于显微镜下观察表皮碎片和纤维中的草酸钙砂晶。灰黑色弥漫性细小颗粒即为草酸钙砂晶(图 2-2)。

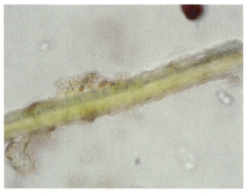

图 2-2　麻黄表皮碎片(左)及纤维(右)(示砂晶,400×)

3. 淀粉粒

取马铃薯块茎切块,从切面用刀片向内刮取汁液滴在载玻片上,用水制片。多余的液体用纸吸净,于显微镜下观察。可见许多大小不等的卵圆形、类圆形、不规则形淀粉粒。脐点有点状、缝状等,类型有单粒、复粒(图 2-3)。

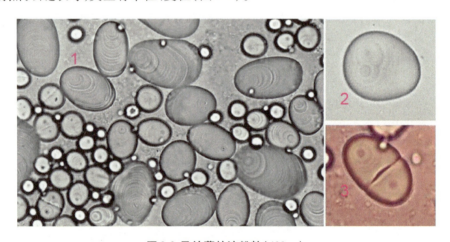

图 2-3　马铃薯的淀粉粒(400×)

1. 单粒　2. 半复粒　3. 复粒

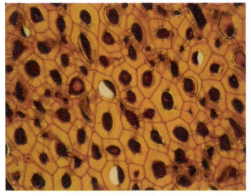

图 2-4　柿核胞间连丝(400×)

4. 胞间连丝

取柿核永久装片于显微镜下,观察胞间连丝并拍照。连接细胞间的纤细黑色的原生质丝即为胞间连丝(图 2-4)。

三、实验作业

1. 绘制洋葱表皮细胞的结构图(400×或100×)。

2. 绘制草酸钙砂晶和淀粉粒(400×)。

3. 观察胞间连丝并拍照提交(400×)。

# 实验二 植物的组织

## 一、实验目的
1. 掌握初生保护组织表皮中双子叶植物气孔的轴式类型,腺毛(腺鳞)、非腺毛的特征。
2. 掌握厚壁组织中纤维和石细胞的特征。
3. 掌握输导组织中导管的类型。

## 二、实验内容
1. 保护组织:气孔和毛茸

取薄荷叶,撕取其下表皮制作水合氯醛透化临时装片,于显微镜下观察气孔的轴式类型为直轴式,副卫细胞波状弯曲,2个。小腺毛为单个类圆形头,单柄。腺鳞圆形。非腺毛多且长,表面有疣状突起(图2-5)。

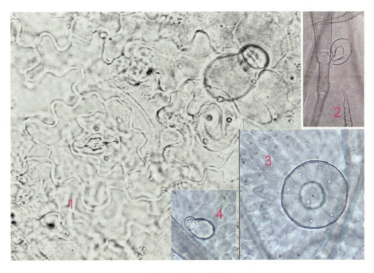

图2-5 薄荷叶表面装片(400×)
1. 直轴式气孔  2. 非腺毛  3. 腺鳞  4. 腺毛

2. 厚壁组织:石细胞和纤维

(1)取一颗苦杏仁,用刀片刮取其种皮(具深棕色脉纹),使其碎屑落在载玻片上,用水合氯醛透化,透化好待冷后滴一滴稀甘油,用纸擦干盖玻片周围的液体,然后盖片观察。镜下可见类圆形、贝壳形、卵形的石细胞,多数底宽上窄,有孔沟、纹孔、层纹。通常宽的底处多孔沟和纹孔,窄的上部多层纹(图2-6)。

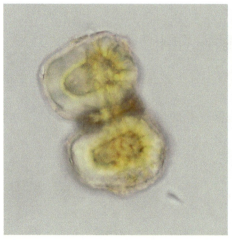
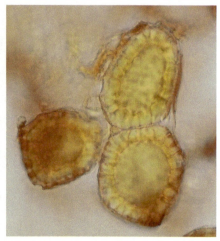

图2-6　苦杏仁种皮石细胞(400×)

（2）取肉桂粉末制成水合氯醛临时装片。镜下可见两端尖、较长、壁厚、胞腔窄的黄色细胞,就是纤维。有的断裂,一端平截(图2-7)。

图2-7　肉桂纤维(400×)

3. 输导组织：导管

取南瓜茎纵切片的永久装片于显微镜下观察被染成红色的长管状组织,可见环纹导管、螺纹导管、孔纹导管、网纹导管(图2-8)。

三、实验作业

1. 绘制气孔轴式类型图(400×)。
2. 绘制腺毛、非腺毛、纤维、石细胞特征图(400×)。
3. 提交腺鳞和导管(2～3种)的图片(400×或100×)。

图2-8　南瓜茎导管

# 实验三　根的显微构造

## 一、实验目的
1. 掌握根尖的构造。
2. 掌握根的初生构造。
3. 掌握根的次生构造。

## 二、实验内容

1. 根尖构造

取玉米根尖纵切片的永久装片于显微镜下观察，由下向上可见根冠、分生区、伸长区、成熟区。注意四个区细胞的特点。（1）根冠位于根尖顶端，略呈三角形，由许多排列疏松的薄壁细胞组成。（2）分生区位于根冠内侧 1~2mm，细胞小，核大质浓，具有不断分生的能力（图 2-9）。（3）伸长区长 2~5mm。细胞延长轴方向迅速伸长，还逐步分化成不同的组织，向成熟区过渡。（4）成熟区又称根毛区，细胞不再伸长，分化为各种成熟组织，表面密生根毛。中央部分可见已分化成熟的环纹、螺纹导管和筛管。

图 2-9　玉米根尖（200×，示根冠和分生区）

2. 双子叶植物根的初生构造

取棉花幼根横切面的永久装片于显微镜下观察，由外向内可见表皮一列，为类圆形细胞；中皮层发达，由数列大型的类圆形细胞组成；内皮层一列明显；维管柱鞘一列，细胞窄长，呈圆柱形；初生木质部和初生韧皮部相间排列，初生木质部为四原型，初生韧皮部细胞细小。注意各部分特点及层数（图 2-10）。

3. 双子叶植物根的次生构造

取棉花老根横切面永久装片于显微镜下观察，由外向内可见周皮、皮层、次生韧皮部、形成层、次生木质部、初生木质部。注意各部分特点及层数。（1）周皮为 7~8 层扁长方形细胞，排列整齐。（2）皮层由数层较大的薄壁细胞组成。

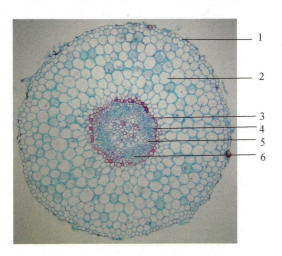

图 2-10　棉花幼根横切面组织构造（100×）
1. 表皮　2. 中皮层　3. 内皮层
4. 中柱鞘　5. 初生木质部　6. 初生韧皮部

（3）次生韧皮部由韧皮薄壁细胞和韧皮纤维等组成，呈三角形。（4）形成层由 1~2 层细胞组成,扁平,排列紧密而整齐,位于次生韧皮部内方。(5)次生木质部位于形成层内方,占大部分,包括导管、木薄壁细胞和木纤维,还有径向分布由1~3列薄壁细胞组成的木射线。(6)初生木质部位于根的中央,导管小(图2-11)。

4. 双子叶植物的异常构造

取何首乌根横切面永久装片于显微镜下观察,由外向内可见表皮、皮层及其中的异常维管束(注意维管束的组成和类型),无髓,中央为正常的维管束(图2-12)。

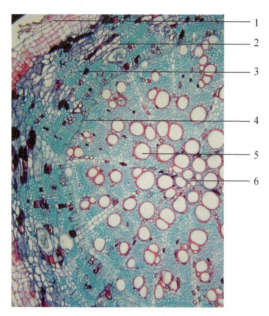
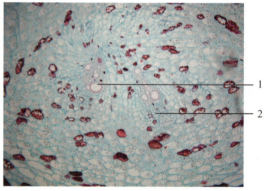

图2-11 棉花老根横切面组织构造(100×)
1. 木栓层 2. 皮层 3. 次生韧皮部
4. 形成层 5. 次生木质部 6. 初生木质部

图2-12 何首乌根横切面组织构造(100×)
1. 木质部 2. 韧皮部

### 三、实验作业

1. 绘制棉花幼根的横切面组织详图(1/4,100×)。
2. 绘制棉花老根的横切面组织简图(1/4,100×)。
3. 提交何首乌根的横切面特征图(100×,皮层维管束)。

## 实验四 茎的显微构造

### 一、实验目的

1. 掌握双子叶植物茎的初生和次生构造。
2. 熟悉单子叶植物茎的结构。

### 二、实验内容

1. 双子叶植物草质茎

取薄荷茎横切面的永久装片于显微镜下观察,由外向内可见表皮、皮层、维管束(木质部和韧皮部，在四个角处发达，注意两者的比例）、髓（发达）。注意各部分的特点及层数。(1) 表皮位于最外面，为一层扁平细胞，排列紧密，可见毛茸。(2) 皮层位于表皮内侧，由多层薄壁细胞组成。棱角处形成厚角组织。(3) 维管束位于棱角处者较发达。木质部宽，韧皮部窄，为无限外韧型。(4) 髓发达，由许多较大的薄壁细胞组成（图2-13）。

2. 双子叶植物木质茎

取多年生椴树茎横切面永久装片于显微镜下观察，由外向内可见周皮、皮层、韧皮部、形成层、木质部（发达）、髓（小）。(1) 周皮为数层扁长方形细胞，排列整齐。(2) 皮层由多层薄壁细胞组成。(3) 维管束为无限外韧型，木质部宽广，韧皮部呈三角形。形成层细胞扁平，排列紧密，位于韧皮部和木质部之间。(4) 髓位于茎中央，较小，由薄壁细胞组成（图2-14）。

3. 单子叶植物茎

取玉米茎横切面永久装片于显微镜下观察，由外向内可见表皮、散生的维管束（注意维管束的组成、类型），无髓。(1) 表皮位于最外层，由一列细胞组成，排列紧密。(2) 基本组织位于表皮内方，由许多薄壁细胞组成。(3) 维管束为有限外韧型，在每个维管束周围有厚壁细胞（图2-13）。

三、作业

1. 绘制薄荷茎横切面组织详图（1/4，100×）。

2. 绘制椴树茎横切面组织简图（100×）。

3. 提交玉米茎的横切面特征图（100×，包括维管束）。

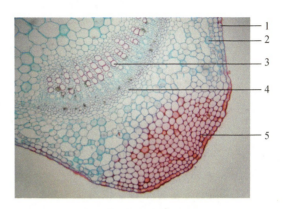

图 2-13　薄荷茎横切面组织构造（100×）
1. 表皮　2. 皮层　3. 木质部
4. 韧皮部　5. 厚角组织

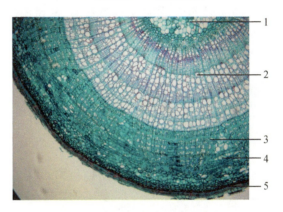

图 2-14　多年生椴树茎横切面组织构造（100×）
1. 髓　2. 木质部　3. 韧皮部
4. 皮层　5. 木栓层

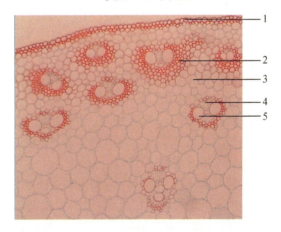

图 2-15　玉米茎横切面组织构造（100×）
1. 表皮　2. 厚壁组织　3. 基本组织
4. 韧皮部　5. 木质部

# 实验五　叶的显微构造

## 一、实验目的
1. 掌握双子叶植物叶的显微构造。
2. 熟悉单子叶植物叶的显微构造。

## 二、实验内容

1. 双子叶植物叶的显微构造

取薄荷叶横切面永久装片于显微镜下观察，由上向下可见表皮（注意上、下表皮细胞）、叶肉（注意栅栏组织、海绵组织）、叶脉（注意维管束）。（1）上下表皮均为一列长方形细胞，排列紧密。（2）叶肉组织由较大的薄壁细胞组成，呈长圆柱形、排列整齐紧密的细胞为栅栏组织，椭圆形或类圆形、排列疏松的为海绵组织。（3）主脉维管束较发达，为无限外韧型。木质部在上，韧皮部在下，它们之间为形成层，不明显。主脉处表皮下常有厚角组织（图2-16）。

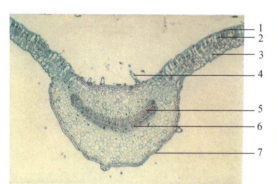
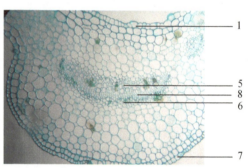

图2-16　薄荷叶横切面组织构造（100×）

1. 上表皮　2. 栅栏组织　3. 海绵组织　4. 非腺毛　5. 木质部　6. 韧皮部　7. 下表皮　8. 形成层

2. 单子叶植物叶的显微构造

取淡竹叶横切面永久装片于显微镜下观察，由上向下可见表皮（注意上、下表皮细胞）、叶肉、叶脉（注意维管束）。（1）上下表皮均为一列长方形细胞，排列紧密。上表皮中可见多个大型的薄壁细胞，称为泡状细胞或运动细胞。（2）叶肉组织由较大的薄壁细胞组成，呈长圆柱形、排列整齐紧密的细胞为栅栏组织，椭圆形或类圆形、排列疏松的为海绵组织，但分化得不明显。（3）主脉维管束较发达，为有限外韧型。木质部在上，韧皮部在下。主脉处表皮下常有厚壁组织（图2-17）。

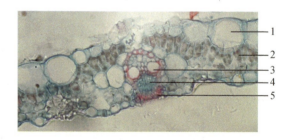

图2-17　淡竹叶横切面组织构造（100×）

1. 泡状细胞　2. 栅栏组织　3. 木质部
4. 韧皮部　5. 厚壁组织

三、实验作业
1. 绘制薄荷叶横切面组织简图(100×)。
2. 提交淡竹叶横切面组织特征图(100×)。

## 实验六  花的解剖

一、实验目的
1. 掌握花的组成及类型。
2. 了解胚珠、胎座的类型等。
3. 了解花被的卷迭式。
4. 熟悉校园内花序的类型。

二、实验内容
1. 花的组成

取百合花和康乃馨,先观察花是辐射对称花、两侧对称花、两性花或单性花等,再观察其花梗、花托、花萼、花冠、雌蕊群、雄蕊群的位置及数目。由外及内逐步进行解剖,观察子房与花托的位置关系、心皮的数目、每室胚珠数目(横切或纵切子房)、胎座类型、子房室数(图2-18、图2-19)。

图2-18  百合花的解剖
1. 花被  2. 雄蕊  3. 子房

图2-19  康乃馨花的解剖
1. 花冠  2. 雄蕊  3. 柱头  4. 子房  5. 花萼  6. 苞片

2. 校园内花序的类型

在教师的带领下,仔细观察当季开花植物的花序。掌握有限花序和无限花序的类型及特点。记录植物的名称、花序类型。

三、实验作业
1. 写出百合花、康乃馨的花程式。
2. 列表记录所观察到的花序类型。

# 实验七　校园植物营养器官的形态

一、实验目的
1. 熟悉校园中常见植物根、茎、叶的外部形态及主要类型。
2. 熟悉校园中常见植物根、茎、叶的变态及主要类型。

二、实验内容
(一) 根
1. 根的类型
(1) 定根:何首乌、活血丹、薜荔等。
(2) 不定根:爬山虎、吊兰等。
2. 根系
(1) 直根系:土牛膝、蒲公英、小蓟等。
(2) 须根系:芦苇、白茅、扬子毛茛等。
3. 变态根
(1) 贮藏根:肉质直根(野胡萝卜)、块根(何首乌)。
(2) 气生根:吊兰。
(3) 攀缘根:络石。
(4) 支持根:玉米。
(5) 水生根:槐叶萍。
(6) 寄生根:菟丝子。

(二) 茎
1. 茎的类型
(1) 按质地分
木质茎:樟、女贞、银杏等。
草质茎:芦苇、活血丹、灯芯草等。
(2) 按生长习性分
直立茎:水杉、银杏、樟等。
缠绕茎:何首乌、牵牛等。
攀缘茎:爬山虎、豌豆等。
匍匐茎:蛇莓、地锦草等。
2. 茎的变态
(1) 根状茎:白茅。
(2) 块茎:马铃薯。
(3) 球茎:慈姑。
(4) 鳞茎:洋葱。
(5) 叶状茎:仙人掌。
(6) 枝刺:皂荚。

(7) 钩状茎:钩藤。
(8) 卷须茎:丝瓜。
(三) 叶
1. 叶的组成
观察完全叶(垂丝海棠)和不完全叶(连翘)。
2. 叶片形状
观察针形(黑松)、线形(沿阶草)、披针形(柳树)、椭圆形(薄荷)、阔椭圆形(橘)、卵形(女贞)、倒卵形(海桐)、阔卵形(日本晚樱)、倒阔卵形(玉兰)、圆形(睡莲)等。
3. 叶片的分裂
羽状分裂(麻栎、萝卜、蒲公英)、掌状分裂(野老鹳草、八角金盘、槭树)。
4. 叶脉及脉序
网状脉序(桂花、南瓜)、平行脉序(沿阶草、芭蕉、棕榈、玉簪)、二叉脉序(银杏)。
5. 单叶与复叶
单叶(女贞、樟、桂花)、复叶(酢酱草、七叶树、盘槐、南天竹、橘)。
6. 叶序
互生(柳树)、对生(活血丹)、轮生(夹竹桃)、簇生(银杏)。
三、实验作业
1. 整理归纳所观察的植物营养器官特征,列出具体根、茎、叶形态和类型相对应的植物。
2. 制作单叶和复叶的标本。

## 实验八　校园植物繁殖器官的形态

一、实验目的
1. 熟悉校园中常见植物花、果实、种子的外部形态及主要类型。
2. 了解校园中常见植物繁殖器官的传播方式。
二、实验内容
(一) 花
1. 花的类型
无被花(杜仲)、单被花(玉兰)、重被花(桃花)、重瓣花(木芙蓉)、离瓣花(广玉兰)、合瓣花(活血丹)、两性花(鸢尾)、单性花(桂花)、无性花(八仙花)。
2. 花序类型
总状花序(荠菜)、穗状花序(车前)、葇荑花序(柳树)、伞房花序(梨)、复伞形花序(野胡萝卜)、隐头花序(薜荔)、肉穗花序(半夏)、头状花序(蒲公英)、单歧聚伞花序(鸢尾)、二歧聚伞花序(黄杨)、多歧聚伞花序(泽漆)。
(二) 果实
1. 肉果
浆果(枸杞)、核果(桃)、梨果(枇杷)、柑果(橘)、瓠果(丝瓜)。

2. 干果

蓇葖果(玉兰)、荚果(合欢)、角果(荠菜)、蒴果(苘麻)、瘦果(蒲公英)、颖果(野高粱)、坚果(益母草)、翅果(枫杨)、双悬果(野胡萝卜)、聚花果(桑椹)、隐头果(薜荔)。

(三) 种子

1. 观察种子蚕豆、玉米的种皮外部特征：种脐、合点、种脊、种孔等。

2. 解剖种子蚕豆，观察子叶。

3. 解剖玉米，观察胚乳。

4. 观察校园中当季常见的植物种子。

三、实验作业

1. 整理归纳所观察的植物繁殖器官特征，列出具体花、果实、种子形态和类型相对应的植物。

2. 制作花及花序的标本。

# 第三部分 生药学实验内容

## 实验一 显微制片与测量

### 一、实验目的
1. 掌握生药的显微测量法。
2. 掌握临时制片(水合氯醛透化法和水装片法)技术。
3. 掌握大黄的显微鉴别特征。
4. 熟悉所列生药标本。

### 二、实验内容

1. 大黄粉末的观察及测量

用木签取大黄粉末少许,放于载玻片中央,滴加水合氯醛2~3滴,用木签搅匀,在酒精灯上先均匀受热,然后把粉末置于酒精灯的外焰处加热,水合氯醛刚沸就马上移开,添加水合氯醛,防止蒸干。加热至粉末组织变为透明即可。待玻片稍冷,再滴加稀甘油一滴,盖上盖玻片,用吸水纸擦干净盖玻片周围,置于显微镜下观察。

(1)镜下可见草酸钙簇晶(众多,棱角大多短钝)、淀粉粒(大多为圆球形,脐点常呈星状和"十"字状)、网纹和具缘纹孔导管(具缘纹孔呈椭圆形或斜方形),如图3-1所示。(注意观察淀粉粒时用水制临时装片。)

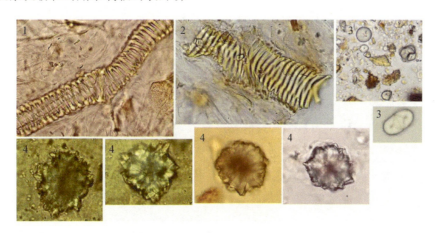

图3-1 大黄粉末组织特征图(400×)
1、2. 网纹导管 3. 淀粉粒 4. 簇晶

(2) 完成不同放大倍数下显微标尺的定标。

(3) 测定大黄粉末中簇晶和淀粉粒的直径。选最大、最小和常见的中等大小的簇晶和淀粉粒各五粒,进行测量。最后取平均值作为淀粉粒和簇晶的直径最大、最小和最常见值。

2. 观察所列生药标本

观察绵马贯众、虎杖、大黄、黄连、升麻、北豆根、延胡索、川芎、苍术、白术等标本。

### 三、实验作业

1. 绘制大黄粉末组织的显微特征图(400×)。
2. 记录标化的结果和簇晶、淀粉粒的直径测定结果(列三线表)。

附注:

**显微测量——捷达 JD801 图像分析系统**

1. 定标

拍摄测微尺图片(拍摄时注意尽量保持测微尺水平)——图片保存——打开保存的测微尺图片,点击工具栏上的 图标——点击添加按钮——画线,计算实际距离(多次测量)——保存入库。

完成不同放大倍数下显微标尺的定标。

2. 数据测量及标注

设定倍数(单击工具箱中的定标 )——选择定标号(当前倍率改为"是")——打开图片文件——测量。

直线测量 :点击鼠标左键获得第一点,松开鼠标左键即得直线的长度。

角度测量:当想要知道一个分析对象的角度时,单击工具栏中的 ,将鼠标移至分析区域,按住鼠标左键移动,在合适的位置松开,根据要测量的角度再次按住左键移动鼠标,松开即得角度值。

多边形测量 :将鼠标移至分析区域,点击鼠标左键确定第一点,松开后再移动到指定位置后,再点击鼠标左键确定第二点,移动鼠标确定测量的范围,双击鼠标左键结束范围的确定,即得多边形的周长和面积。

自由线段测量 :在做例如细胞分析实验时,我们要知道一个细胞的周长,线段测量就不可能实现,因为它只能测量直线类的线段。自由线段测量可知道任意线段的长度,按住左键沿要测量的目标边界移动。

三点定圆测量 :点击鼠标左键获得第一点,松开鼠标左键后,再次点击鼠标左键获得第二点,最后点击鼠标左键获得第三点。

点到直线距离的测量 :点击鼠标左键获得第一点,松开鼠标左键后,再次点击鼠标左键获得一条直线,系统将自动产生一条垂直于第一条直线的线段,点击鼠标左键得出距离。

数据区:在工具条菜单中点击数据区,在系统界面的右边将显示数据区,刚才所做的所有结果都被保存在这里。

# 实验二　生药挥发油的含量测定

## 一、实验目的
1. 掌握生药挥发油测定的原理。
2. 掌握生药挥发油测定的两种方法。
3. 了解生药挥发油测定的意义。

## 二、基本原理
将含挥发油的生药与水共同蒸馏，在低于100℃时，挥发油与水一起蒸馏出来，凝集于刻度管中。冷却后，油、水自动分离为两层，根据刻度可以读出样品中挥发油的含量。

因为 $P_总$ = 大气压时，液体沸腾，

$$P_总 = P_A + P_B + P_C \cdots + P_水,$$

所以混合物的沸点要比任一液体的沸点低。

又因为水的沸点为100℃，

所以混合物的沸点 <100℃。

意义：挥发油是生药中的主要有效成分之一，具有祛风、解痉、抗菌、消炎等生理作用。因此，对以挥发油类为主要有效成分的生药，可通过对挥发油进行含量测定来评价生药的品质，控制生药的质量。

## 三、方法
根据挥发油相对密度的大小不同，挥发油的测定有甲、乙两种方法。

甲法——适用于相对密度在1.0以下的挥发油；

乙法——适用于相对密度在1.0以上的挥发油。

测定时，先在测定管中加入1mL与水饱和的二甲苯。其目的是使挥发油与二甲苯混溶后，相对密度比水小，可以浮于水面，以便于读数。因为二甲苯能与水混溶而不与水混合，相对密度又比水小。

## 四、仪器与试剂
1. 仪器：挥发油测定装置、1000mL的圆底烧瓶、电热套。
2. 试剂：二甲苯。

## 五、实验材料
丁香为桃金娘科植物丁香 *Eugenia caryophyllata* Thunb. 的干燥花蕾。夏、秋两季茎叶茂盛或花开至三轮时，选晴天，分次采割，晒干或阴干。它具有宣散风热、清头目、透疹的功效，主要用于风热感冒。含挥发油14%～21%，油中主要成分为丁香酚、β-丁香烯、乙酰丁香酚。药典规定，本品含挥发油不得少于16%（mL/g）。丁香油为丁香花蕾经水蒸气蒸馏所得的挥发油，无色或淡黄色液体，具丁香的特有香气，相对密度为1.047～1.060，大于水。

## 六、实验内容
丁香挥发油的测定——乙法。

操作步骤：

取 300mL 与玻璃珠数粒,置 1000mL 的圆底烧瓶中,连接挥发油测定器。自测定器上端加水使其充满刻度部分,并溢流入烧瓶时为止,再用移液管加入二甲苯 1mL,然后连接球形冷凝管。将圆底烧瓶置于电热套上加热至瓶内内容物沸腾,并继续蒸馏,其速度以保持冷凝管中部呈冷却状态为度。30min 后,停止加热,放置 15min 以上,读取二甲苯的容积。然后取丁香适量(约相当于含挥发油 0.6mL,5g),称定质量(准确至 0.01g),加入烧瓶中,再加数粒玻璃珠,振摇混合后,自冷凝管上端加水并使溢流入烧瓶时为止。开始加热至沸腾,并保持微沸 5h,至测定器中的油量不再增加,停止加热,放置片刻。开启测定器下端的活塞,将水缓缓放出,至油层上端到达刻度 0 线或上面 5mm 处为止。放置 1h 以上,再开启活塞使油层下降至上端恰与刻度 0 线齐平,读取油层量,自油层量中减去二甲苯量,即为挥发油量,再计算样品中含挥发油的百分数。

### 七、实验结果及计算

$$样品中挥发油的含量(mL/g) = \frac{油层量(mL) - 二甲苯量(mL)}{样品质量(g)} \times 100\%$$

参照最新版药典(一部)与之比较是否合格。

### 八、附注

1. 乙法测定的生药中的挥发油相对密度大于 1,沉于水底,无法读数,为了使其浮于水面,故加入相对密度比水小的二甲苯。二甲苯能与挥发油混溶而不与水混合,让挥发油溶于二甲苯,此溶液不溶于水,且相对密度比水小,故可以浮于水面,以便于读数。因加入的二甲苯仅 1mL,为了保证它与挥发油的混合溶液相对密度小于水,故生药的取量不可太多。另外,加入的二甲苯要先经蒸馏,使水与二甲苯相互饱和,以提高测定的准确度。

2. 待测样品,除另有规定外,生药须粉碎通过 2~3 号筛,并混合均匀。

3. 《中华人民共和国药典》2010 年版(一部)规定,丁香含挥发油不得少于 16%(mL/g)。

### 九、实验作业

完成实验报告,并绘出挥发油测定装置图。

### 十、讨论

分析所提药材丁香中挥发油的含量是否合格,并讨论原因。

## 实验三　根和根茎类生药的鉴定(一)——甘草、人参

### 一、实验目的

1. 掌握甘草、人参的生药性状与显微特征。
2. 掌握粉末制片、解离组织片的制备方法。
3. 熟悉双子叶植物根类生药的性状及显微鉴别要点。
4. 认识所列生药标本。

### 二、实验内容

1. 甘草解离组织标本的制备

取甘草饮片,从外至内切割成火柴杆粗细条状,按硝酸-铬酸法制备标本片。(将材料置试管中,加 20% 硝酸与 20% 铬酸的等量混合液适量,以浸没材料为度。室温下放置

30～60min,至用玻璃棒挤压材料能离散为止,倾出混合酸液。材料用水洗涤后,取少许置载玻片上,用针撕开或用玻棒压散,以稀甘油封藏观察。)

2. 解离组织片的观察

导管、纤维、木薄壁细胞。

3. 甘草粉末标本片的制备

(1) 药材粉末过5～6号筛,挑取粉末少许置载玻片上(用牙签取,不可多),滴加1～2滴水合氯醛试液,用牙签混匀,先于酒精灯上来回均匀受热,后停于粉末下集中加热并搅拌至起泡,移开。添加水合氯醛试液,反复加热至粉末透明(在加热过程中,切勿使水合氯醛试液蒸干或使粉末烤焦)。透化好后,加稀甘油1～2滴混合,加盖玻片盖平,擦净其周围液体即成。

(2) 粉末直接加稀甘油或水1～2滴混合,加盖玻片,擦净周围液体即成。

4. 粉末标本片的观察

镜下可见甘草粉末组织特征如图3-2所示。

(1) 纤维、晶鞘纤维成束,壁厚,草酸钙方晶较大。

(2) 具缘纹孔导管较大。

(3) 木栓细胞呈多角形,红棕色。

(4) 淀粉粒以单粒为主,卵圆形或椭圆形,脐点呈点状。

(5) 棕色块为块状物,形状不一。

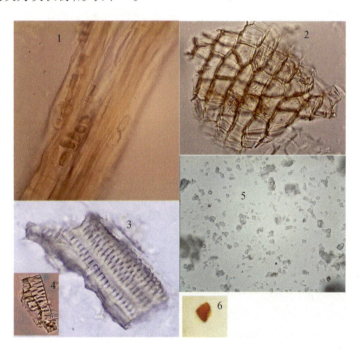

图3-2 甘草粉末组织特征图(400×)

1. 晶纤维  2. 木栓细胞  3. 网纹导管  4. 具缘纹孔导管  5. 淀粉粒  6. 棕色块

5. 人参根横切片组织构造的观察(图3-3)

(1) 木栓层有数列细胞。

(2) 皮层窄。
(3) 韧皮部外有裂隙,有圆形或长圆形树脂道,内含黄色分泌物,近形成层处排列成环。
(4) 形成层环明显。
(5) 薄壁细胞中含草酸钙簇晶、淀粉粒。

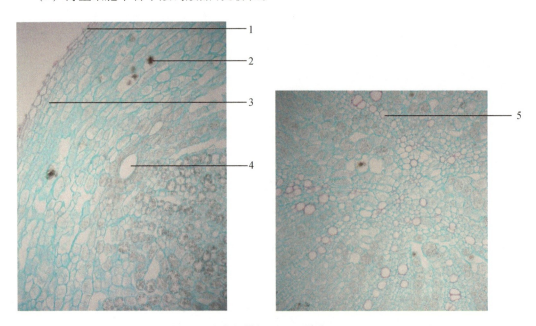

图3-3　人参根横切面组织构造(100×)
1. 木栓层　2. 簇晶　3. 皮层　4. 树脂道　5. 木质部

6. 观察生药标本

观察何首乌、怀牛膝、川牛膝、川乌、附子(黑顺片)、白芍、赤芍、白头翁、粉防己、木防己、板蓝根、黄芪、甘草、人参、远志、葛根、独活、山豆根、乌药、苦参、徐长卿、缬草、羌活等生药标本。

### 三、实验作业

1. 绘制甘草解离组织、粉末的显微特征图(400×)。
2. 绘制人参根横切面简图(1/4,100×)。

## 实验四　根和根茎类生药的鉴定(二)——黄芩、麦冬

### 一、实验目的

1. 掌握黄芩的显微特征。
2. 掌握麦冬的显微组织特征。
3. 熟悉单子叶植物根类生药的性状及显微鉴别要点。
4. 认识所列生药标本。

## 二、实验内容

1. 黄芩粉末显微特征的观察

黄色,制作水合氯醛装片用于观察(图3-4)。

(1) 韧皮纤维呈微黄色,梭形,壁甚厚,木化。

(2) 石细胞呈淡黄色,壁厚。

(3) 韧皮薄壁细胞为纺锤形或长圆形,有时壁呈连珠状增厚。

(4) 网纹导管多见。

(5) 木纤维细长,壁稍厚。

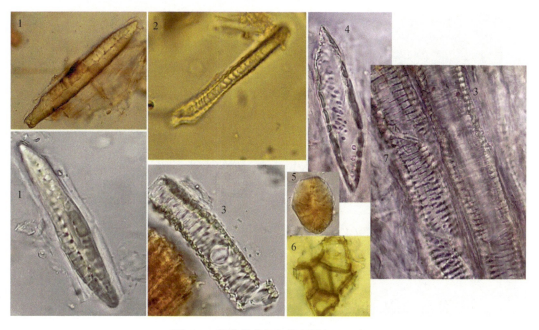

图3-4　黄芩粉末组织特征图(400×)

1. 韧皮纤维　2. 木纤维　3. 网纹导管　4. 韧皮薄壁细胞　5. 石细胞　6. 木栓细胞

2. 麦冬根横切面显微特征观察(永久装片)

麦冬横切面组织结构如图3-5所示。

(1) 根毛、根被表皮为1列长方形细胞;根被为3~5列细胞,壁木化。

(2) 皮层宽广。

(3) 内皮层外侧为一列石细胞(内壁及侧壁增厚)。内皮层细胞壁均匀增厚,有通道细胞。

(4) 薄壁组织有含针晶束的黏液细胞散在。

(5) 髓小,薄壁细胞类圆形。

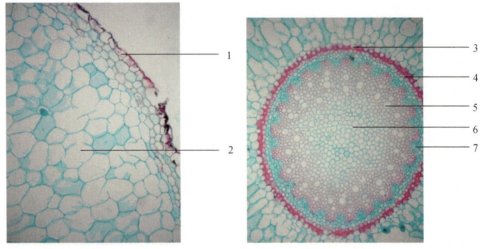

**图 3-5　麦冬根横切面组织结构(100×)**
1. 根被　2. 皮层　3. 内皮层　4. 中柱鞘　5. 木质部　6. 髓　7. 韧皮部

3. 观察生药标本

观察三七、当归、柴胡、白芷、防风、北沙参、龙胆、秦艽、丹参、黄芩、地黄、玄参、天花粉、党参、桔梗、南沙参、木香、百部、麦冬等生药标本。

### 三、实验作业

1. 绘制黄芩粉末特征图(400×)。
2. 绘制麦冬根横切面简图(1/4,100×)。

## 实验五　根和根茎类生药的鉴定(三)——黄连、天麻

### 一、实验目的

1. 掌握黄连、天麻的显微特征。
2. 掌握黄连的理化鉴别方法。
3. 熟悉双子叶植物根茎类和单子叶植物根茎类生药的性状及显微鉴别要点。
4. 认识所列生药标本。

### 二、实验内容

1. 黄连粉末的显微特征观察

制作水合氯醛永久装片用于观察(图3-6)。
(1) 石细胞呈鲜黄色。
(2) 中柱鞘纤维呈鲜黄色,壁厚,具单纹孔,层纹和纹孔明显。
(3) 具缘纹孔端壁斜置或延伸成长尾状。
(4) 木纤维成束,细长,壁薄。
(5) 鳞叶表皮细胞呈绿黄色或黄棕色,垂周壁多微波状弯曲或呈连珠状增厚。
(6) 可见淀粉粒(细小)、草酸钙方晶(细小)。

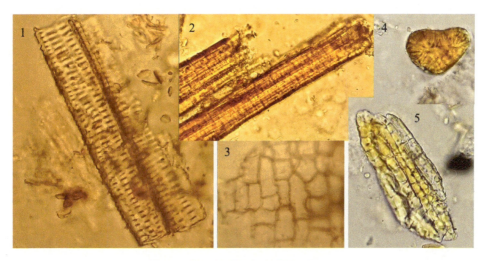

图3-6 黄连粉末组织特征图(400×)
1. 孔纹导管　2. 木纤维　3. 鳞叶表皮细胞　4. 石细胞　5. 中柱鞘纤维

2. 黄连的理化鉴别

（1）根茎折断面木质部在紫外光下显金黄色荧光。

（2）取粉末或切片,加70%乙醇1滴,片刻后加稀盐酸或30%硝酸1滴,置显微镜下观察,可见黄色针状或针簇状结晶析出(小檗碱盐酸盐或硝酸盐),加热后结晶溶解并显红色(图3-7)。

3. 天麻根茎横切面组织特征的观察(永久装片)

（1）单子叶植物根茎通常为内皮层明显的组织构造。

图3-7 黄连的理化鉴别

（2）皮层散有纤维束及有限外韧型叶迹维管束。

（3）中柱散列,周木型(主)及有限外韧型维管子束(少),纤维束及束鞘纤维周围的薄壁细胞含草酸钙针晶。

（4）薄壁组织含长圆形或类圆形多糖团块或颗粒(图3-8)。

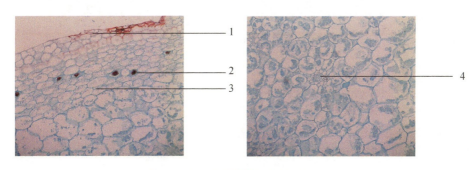

图3-8 天麻横切面组织结构(100×)
1. 表皮　2. 针晶　3. 皮层　4. 维管束

4. 观察生药标本

观察香附、天南星、半夏、石菖蒲、川贝、浙贝母、知母、黄精、土茯苓、山药、莪术、天麻、白及等生药标本。

三、实验作业

1. 绘制黄连粉末特征图(400×)。
2. 记录黄连的理化鉴别方法、结果。
3. 绘制天麻横切面简图(1/4,100×)。

## 实验六 茎木类、皮类生药的鉴定——沉香、黄柏

一、实验目的

1. 掌握沉香、黄柏的显微特征。
2. 熟悉黄柏的理化鉴别方法。
3. 熟悉茎木类、皮类生药的性状和显微鉴定要点。
4. 认识所列生药标本。

二、实验内容

1. 沉香的三切面观察(图3-9)

(1) 横切面：① 木射线1~2列；② 导管呈圆形、多角形；③ 木纤维呈多角形木化；④ 木间韧皮部扁长，呈椭圆形或条带状。

(2) 切向纵切：① 木射线细胞；② 木纤维；③ 导管。

(3) 径向纵切：① 木射线横向带状；② 细胞方形或略长方形。

图3-9 沉香横切面组织构造(200×)

1. 横切面　2. 径向纵切　3. 切向纵切

2. 黄柏粉末特征观察

黄柏是重要的皮类生药,通过观察黄柏粉末的特征,掌握皮类生药的鉴别要点。在粉末中,皮类与茎木类或其他生药的主要区别在于皮类生药一般无木质部的细胞特征,如导管。作为皮类生药的粉末鉴定,应注意观察厚壁组织(石细胞、纤维)、分泌组织与细胞内含物(草酸钙结晶的有无及形态、大小)。

(1) 纤维及晶鞘纤维较多,呈鲜黄色,壁极厚、木化。

(2) 石细胞呈鲜黄色,类圆形、类长方形或略呈不规则分枝状,壁极厚,层纹细密,纹孔多不明显。

(3) 淀粉粒为单粒球形,复粒稀少。

(4) 黏液细胞少见(图3-10)。

图3-10 黄柏粉末组织特征图(400×)
1. 淀粉粒  2. 黏液细胞  3. 石细胞  4. 晶纤维

3. 黄柏的理化鉴别

黄柏的主要成分为生物碱类化合物(小檗碱)及黄檗酮等化合物,理化鉴别主要针对这些成分。

(1) 取生药粉末1g,加乙醚10mL,冷浸,浸出液水浴蒸干溶剂,残渣加冰醋酸1mL及浓硫酸1滴,溶液显紫棕色(黄柏酮反应)。

(2) 取黄柏粉末水浸液1mL,加浓硫酸4滴,沿壁加饱和氯水或溴水1mL使成二层,接触面呈红色(小檗碱反应)。

4. 观察生药标本

观察关木通、沉香、钩藤、鸡血藤、厚朴、肉桂、黄柏、杜仲、牡丹皮、香加皮等生药标本。

三、实验作业

1. 绘制黄柏粉末的显微特征图及沉香三切面详图(400×或100×)。
2. 记录黄柏的理化鉴别方法、结果。

## 实验七 叶类生药的鉴定——番泻叶 花类生药的鉴定——金银花

一、实验目的

1. 掌握番泻叶、金银花的显微鉴别特征。
2. 熟悉叶类生药和花类生药的性状及显微鉴定要点。

3. 认识所列生药标本。

二、实验内容

1. 番泻叶横切面组织特征的观察

（1）等面叶,上下均有一列栅栏细胞。上栅栏细胞呈长柱状,通过中脉;下栅栏细胞较短,不通过中脉。

（2）海绵组织含草酸钙簇晶。

（3）维管束上、下两侧均有微木化的中柱鞘纤维束,其外侧薄壁内常含草酸钙方晶,形成晶鞘纤维（图3-11）。

2. 金银花粉末显微特征的观察

金银花粉末呈淡黄色。

（1）腺毛有两种:一种腺头呈圆锥形,顶部平坦,柄1~5个细胞;另一种较短小,头部呈类球形或扁球形。

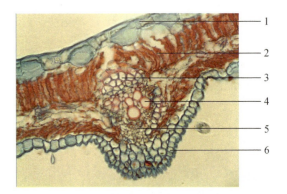

图3-11 番泻叶横切面组织构造（400×）
1. 上表皮 2. 栅栏组织 3. 中柱鞘纤维
4. 木质部 5. 韧皮部 6. 下表皮

（2）单细胞非腺毛有两种:一种长,壁薄,角质疣状突起明显;另一种较短,壁厚,有的具角质螺纹。

（3）花粉粒类球形,黄色,外壁具细密短刺及圆颗粒状雕纹,萌发孔3孔沟。

（4）草酸钙簇晶（图3-12）。

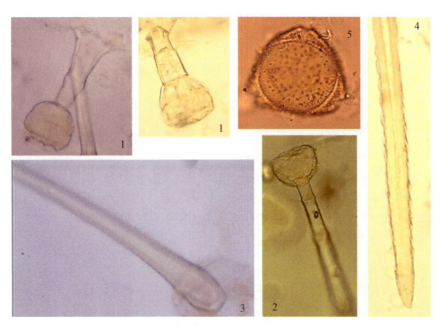

图3-12 金银花粉末组织特征图（400×）
1. 2. 腺毛 3. 薄壁非腺毛 4. 厚壁非腺毛 5. 花粉粒

3. 观察生药标本

观察银杏叶、侧柏叶、大青叶、青黛、枇杷叶、番泻叶、罗布麻叶、洋地黄叶、毛花洋地黄叶、松花粉、辛夷、槐花、丁香、夏枯草、洋金花、金银花、红花、菊花、旋覆花、蒲黄等生药标本。

### 三、实验作业

1. 绘制番泻叶横切面组织简图(100×)。
2. 绘制金银花粉末显微特征图(400×)。

## 实验八　果实、种子类生药的鉴定——苦杏仁、五味子

### 一、实验目的

1. 掌握苦杏仁、五味子的显微鉴别特征。
2. 熟悉苦杏仁的理化鉴别方法。
3. 熟悉果实、种子类生药的性状及显微鉴定要点。
4. 熟悉伞形科植物果实的一般形态及组织构造特征。
5. 认识所列生药标本。

### 二、实验内容

1. 苦杏仁粉末显微特征的观察

粉末呈黄白色。

(1) 种皮石细胞:淡黄色或棕黄色,底宽上窄,底部孔沟甚密,层纹无或少,上部则相反。
(2) 子叶细胞含糊粉粒及油滴,较大的糊粉粒中含有细小的草酸钙簇晶(图3-13)。

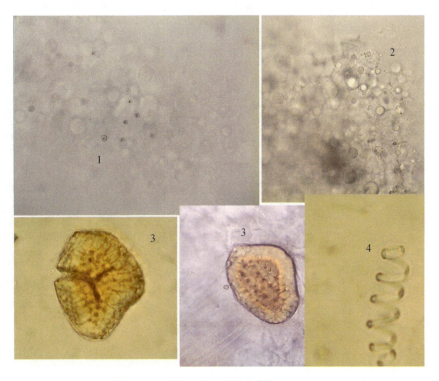

图3-13　苦杏仁粉末组织特征图(400×)
1. 子叶细胞(示糊粉粒)　2. 胚乳细胞　3. 种皮石细胞　4. 螺纹导管

2. 五味子横切面组织构造的观察

（1）外果皮（外表皮为一列方形或长方形表皮细胞,壁稍厚,外被角质层,散有油细胞）、中果皮（10余列薄壁细胞,散有小型外韧维管束）、内果皮（一列小方形薄壁细胞）。

（2）种皮外层为一列径向延长的石细胞,呈栅栏状。

（3）种皮内层由数列类圆形、三角形或多角形的石细胞组成,壁厚,孔沟较大而疏。

（4）油细胞一列,细胞径向延长,含棕黄色挥发油。

（5）薄壁细胞3～4列,较小。

（6）种皮内层细胞:小,壁略厚。

（7）胚乳细胞呈多角形,内含脂肪油和糊粉粒（图3-14）。

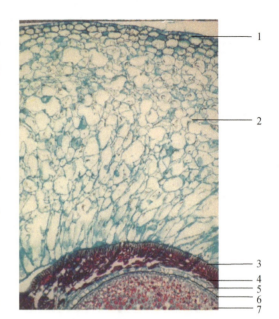

图3-14　五味子果实横切面组织构造
1. 外果皮　2. 中果皮　3. 种皮外层石细胞
4. 种皮内层石细胞　5. 油细胞层
6. 种皮外表皮细胞　7. 胚乳

3. 苦杏仁的理化鉴别

（1）取本品数粒于乳钵中,加水共研,发出苯甲醛的特殊香气。

（2）取本品数粒,捣碎,取约1g置试管中,加水数滴使湿润,于试管中悬挂一条苦味酸钠试纸（在碳酸钠溶液中润湿过）,用软木塞塞紧,置40℃～50℃的水浴中,15min内试纸显砖红色。

苦味酸钠反应原理如图3-15所示。

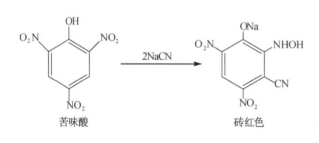

图3-15　苦味酸钠反应

4. 观察生药标本

观察马兜铃、青木香、天仙藤、五味子、山楂、苦杏仁、木瓜、决明子、枳实、枳壳、陈皮、青皮、吴茱萸、川楝子、巴豆、酸枣仁、诃子、小茴香、蛇床子、山茱萸、连翘、马钱子、黄花夹竹桃、菟丝子、枸杞子、地骨皮、栀子、瓜蒌、薏苡仁、槟榔、大腹皮、砂仁、豆蔻等生药标本。

### 三、实验作业

1. 绘制五味子横切面组织简图(100×)。
2. 绘制苦杏仁粉末显微特征图(400×)。
3. 记录苦杏仁的理化鉴别方法、结果。

## 实验九　全草类生药的鉴定——麻黄、薄荷

### 一、实验目的

1. 掌握麻黄、薄荷的显微鉴别特征。
2. 熟悉薄荷的理化鉴别方法。
3. 熟悉唇形科植物的主要性状和显微特征。
4. 熟悉全草类生药的性状及显微鉴别特征。
5. 认识所列生药标本。

### 二、实验内容

1. 麻黄粉末显微特征的观察

粉末呈淡棕色。

(1) 表皮碎片,外壁布满微小的草酸钙砂晶,被厚角质层。
(2) 气孔特异,保卫细胞侧面观呈哑铃形或电话听筒状。
(3) 嵌晶纤维及木纤维。
(4) 螺纹、具缘纹孔导管具麻黄式穿孔板(端壁具多个圆形穿孔)。
(5) 色素块呈棕黄色或红棕色(图3-16)。

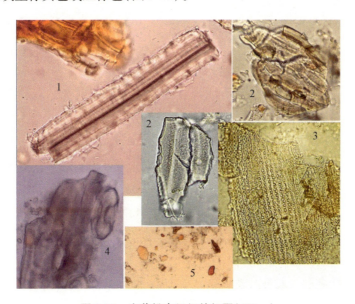

图3-16　麻黄粉末组织特征图(400×)

1. 嵌晶纤维　2. 表皮碎片　3. 穿孔板　4. 电话筒式气孔　5. 棕色块

2. 麻黄茎横切面组织特征观察

麻黄茎横切面组织构造如图 3-17 所示。

（1）棱脊数目 18～20 个，表皮细胞呈方形，被角质层，棱脊间有下陷的气孔。

（2）皮层宽，棱脊处有下皮纤维。

（3）中柱鞘纤维束呈新月形。

（4）维管束 8～10 个，韧皮部窄，束内形成层与木质部类三角形。

（5）髓部薄壁细胞内含红棕色块状物。

（6）可见草酸钙砂晶（表皮细胞外壁、皮层细胞、纤维）。

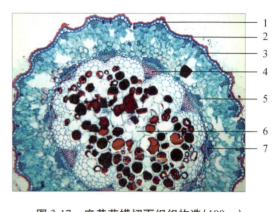

图 3-17　麻黄茎横切面组织构造（100×）
1. 表皮　2. 角质层　3. 下皮纤维　4. 木质部
5. 韧皮部　6. 髓　7. 束中形成层

3. 薄荷粉末显微特征观察

薄荷粉末组织特征如图 3-18 所示。

（1）腺鳞由 6～8 个细胞组成，内含淡黄色分泌物。

（2）小腺毛为单细胞柄。

（3）非腺毛由 1～8 个细胞组成，常弯，外壁有细密的疣状突起。

（4）橙皮苷结晶呈淡黄色。

（5）直轴式气孔。

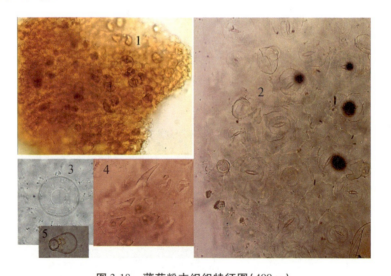

图 3-18　薄荷粉末组织特征图（400×）
1. 橙皮苷结晶　2. 气孔　3. 腺鳞　4. 非腺毛　5. 小腺毛

4. 薄荷的理化鉴别

取生药粉末少量，经微量升华的油状物，略放置，置显微镜下观察，渐见有针簇状薄荷醇结晶析出。加浓硫酸 2 滴及香草醛结晶少许，显橙黄色，再加蒸馏水 1 滴，变紫红色。

5. 观察生药标本

观察麻黄、麻黄根、薄荷、淫羊藿、颠茄草、伸筋草、石韦、细辛、紫花地丁、金钱草、车前草、茵陈、荆芥、青蒿、益母草、广藿香、紫苏叶、紫苏梗、紫苏子、蒲公英、肉苁蓉、淡竹叶、白花蛇舌草、穿心莲、石斛等生药标本。

### 三、实验作业

1. 绘制麻黄、薄荷粉末显微特征图（400×）。
2. 绘制麻黄茎横切面组织简图（40×或100×）。
3. 记录薄荷的理化鉴定方法、结果。

## 实验十　菌类、动物类、矿物类生药的鉴定

### 一、实验目的

1. 掌握茯苓、猪苓的显微鉴别特征。
2. 熟悉动物类、矿物类生药的性状鉴别要点。
3. 认识所列生药标本。

### 二、实验内容

1. 茯苓粉末显微特征观察

粉末呈灰白色。

（1）水装片：不规则颗粒状多糖团块和末端钝圆的分枝状多糖团块及细长菌丝。

（2）5%氢氧化钾装片：菌丝细长，有分枝，无色或淡棕色。偶可见横隔。

茯苓粉末组织特征如图3-19所示。

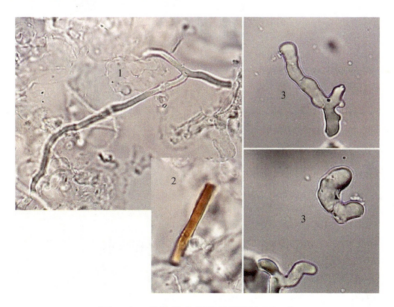

图3-19　茯苓粉末组织特征图（400×）
1. 无色菌丝　2. 有色菌丝　3. 多糖团块

2. 猪苓粉末显微特征观察

（1）水装片：散在菌丝和多糖黏结的菌丝团块。

（2）5%氢氧化钾装片：菌丝细长，弯曲，有分枝，横壁不明显。
（3）草酸钙方晶多呈正八面体、双锥八面体或不规则多面体（图3-20）。

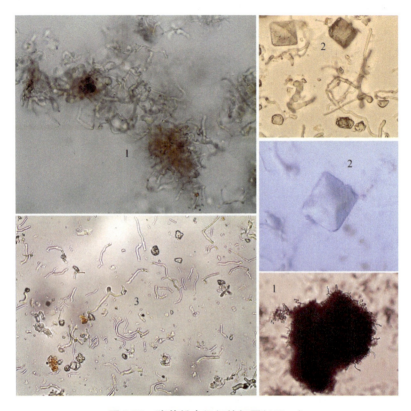

图3-20　猪苓粉末组织特征图（400×）
1. 菌丝团　2. 草酸钙方晶　3. 菌丝

3. 观察生药标本

观察昆布、海藻、冬虫夏草、茯苓、猪苓、灵芝、雷丸、血竭、没药、乳香、五倍子、芦荟、海金沙、儿茶、冰片、地龙、水蛭、珍珠、牡蛎、海螵蛸、全蝎、桑螵蛸、蝉蜕、僵蚕、斑蝥、蟾酥、蛤蚧、金钱白花蛇、鸡内金、芒硝、石膏、朱砂、炉甘石、赭石、雄黄、滑石、硫黄、琥珀等生药标本。

### 三、实验作业

绘制茯苓、猪苓粉末显微特征图（400×），比较两者的区别。

# 实验十一　质量标准的制定

### 一、实验目的

1. 熟悉药材质量标准制定的程序及内容。
2. 掌握检索药学相关资料的能力，培养科学设计实验的能力。

### 二、仪器与试剂

由学生拟定。

三、实验内容

查阅银杏叶、月季花、沙苑子(任选)的文献资料,自行设计。

1. 仔细观察生药的性状特征,做好记录。
2. 选取不同部位制成显微制片,置显微镜下观察,并做好记录。
3. 查阅文献资料,根据所含的化学成分设计理化鉴别与含量测定方法等,并做部分试验。

三、实验作业

根据以上实验及文献资料,撰写质量标准中的性状和鉴定两项内容及起草说明。并交所查的文献资料。

附注:

## 生药质量标准的制定

药品是一种特殊商品,随着我国药品管理法的制定和实施,人们对药品的质量越来越重视,且有章可循,有法可依。因历史的和现在的客观条件,相当多的生药特别是草药尚无质量标准,这就需要根据现有的资料和通过科学研究,逐步制定这些生药的标准。另外,随着科学技术的发展和各种新技术在生药质量控制方面的应用,对已有的质量标准中不合理的内容要不断进行修改、补充,使之更加完善。所有这些都要求学生了解和掌握生药质量标准的制定方法。

(一)生药质量标准的制定步骤

在正式起草前,首先要查阅有关文献,弄清将要起草的生药的历史和品种演变等情况;然后尽可能地收集全国各地的商品生药样品,必要时要深入产区进行实地考察与采集标本,进行品种鉴定,以便掌握现状。经综合分析后确定正品,即可着手进行生药起草工作。

(二)质量标准

质量标准包括名称、汉语拼音、药材拉丁名、来源、性状、鉴别、检查、浸出物、含量测定、炮制、性味与归经、功能与主治、用法与用量、注意及贮藏等项。有关项目内容的技术要求如下:

1. 名称、汉语拼音、药材拉丁名

按中药命名原则要求制定。

2. 来源

来源包括原植(动、矿)物的科名、中文名、拉丁学名、药用部位、采收季节和产地加工等,矿物药包括矿物的类、族、矿石名或岩石名、主要成分及产地加工。上述中药材(植、动、矿等)均应固定其产地。

(1)原植(动、矿)物须经有关单位鉴定,确定原植(动)物的科名、中文名及拉丁学名;矿物的中文名及拉丁名。

(2)药用部位是指植(动、矿)物经产地加工后可药用的某一部分或全部。

(3)采收季节和产地加工系指能保证药材质量的最佳采收季节和产地加工方法。

3. 性状

性状系指药材的外形、颜色、表面特征、质地、断面及气味等的描述,除必须鲜用的按鲜品描述外,一般以完整的干药材为主;易破碎的药材还须描述破碎部分。描述要抓住主要特征,文字简练,术语规范、确切。

4. 鉴别

选用方法要求专属、灵敏。包括经验鉴别、显微鉴别(组织切片、粉末或表面制片、显微化学)、一般理化鉴别、色谱或光谱鉴别及其他方法的鉴别。色谱鉴别应设对照品或对照药材。

5. 检查

检查项目包括杂质、水分、灰分、酸不溶性灰分、重金属、砷盐、农药残留量、有关的毒性成分及其他必要的检查项目。

6. 浸出物测定

对有效成分尚不清楚和仅知有效成分类型及溶解性,或虽知有效成分但尚无含量测定方法的生药,可参照《中国药典》附录浸出物测定要求,结合用药习惯、药材质地及已知的化学成分、类别等选定适宜的溶剂,测定其浸出物量,以控制质量。浸出物量的限(幅)度指标应根据实测数据制定,并以药材的干品计算。

7. 含量测定

应建立有效成分含量测定项目,操作步骤叙述应准确,术语和计量单位应规范。含量限(幅)度指标应根据实测数据制定。

在建立化学成分的含量测定有困难时,可建立相应的图谱测定或生物测定等其他方法。

8. 炮制

根据用药需要选择炮制的品种,应制定合理的加工炮制工艺,明确辅料用量和炮制品的质量要求。

9. 性味与归经、功能与主治、用法与用量、注意及贮藏等项

以上各项根据该药材研究结果制定。

10. 书写格式

有关质量标准的书写格式参照《中国药典》(现行版)。

(三) 起草说明

目的在于说明制定质量标准中各个项目的理由,规定各项目指标的依据、技术条件和注意事项等,既要有理论解释,又要有实践工作的总结及试验数据。具体要求如下:

1. 名称、汉语拼音、拉丁名

阐明确定该名称的理由与依据。

2. 来源

(1) 有关该药材的原植(动、矿)物鉴定详细资料,以及原植(动)物的形态描述、生态环境、生长特性、产地及分布。对引种或野生变家养的植(动)物药材,应有与原种、养植(动)物对比的资料。

(2) 确定该药用部位的理由及试验研究资料。

(3) 确定该药材最佳采收季节及产地加工方法的研究资料。

3. 性状

说明性状描述的依据、该药材标本的来源及性状描述中其他需要说明的问题。同一

生药名称有多种来源且性状有明显区别的,均分别描述;先重点描述一种,其余品种仅描述其区别点。

4. 鉴别

应说明选用各项鉴别的依据并提供全部试验研究资料,包括显微鉴别组织、粉末易察见的特征及其墨线图或显微照片(注明扩大倍数)、理化鉴别的依据和试验结果、色谱或光谱鉴别试验可选择的条件和图谱(原图复印件)及薄层色谱的彩色照片或彩色扫描图。试验研究所依据的文献资料及其他经过试验未选用的试验资料和相应的文献资料均列入《新药(中药材)申报资料项目》第6号药学资料。色谱鉴别用的对照品及对照药材应符合《中药新药质量标准用对照品研究的技术要求》。

(1) 显微鉴定:选取有代表性的药材(粗、细、老、嫩,从上到下各个部位都要取到)制备纵切片、横切片、表面片、粉末制片,进行全面观察,综合分析。然后起草横切面或粉末(有的二者可兼收)的组织构造或鉴定特征。

(2) 理化鉴定:对于有效成分或主要化学成分的生药,可通过试验制定出针对有效成分或主要成分的鉴定方法。对于化学成分尚未报道的生药,则须先进行化学成分的系统预试验,必要时进行成分的提取、分离、鉴定;根据预试验和分离鉴定结果,拟定理化鉴定方法。

5. 检查

说明各检查项目的理由及其试验数据,阐明确定该检查项目限度指标的意义及依据。重金属、砷盐、农药残留量的考察结果及是否列入质量标准的理由。

6. 浸出物测定

说明溶剂选择的依据及测定方法研究的试验资料和确定该浸出物限量指标的依据(至少应有10批样品20个数据)。

7. 含量测定

根据样品的特点和有关化学成分的性质,选择相应的测定方法。应阐明含量测定方法的原理;确定该测定方法的方法学考察资料和相关图谱(包括测定方法的线性关系、精密度、重现性、稳定性试验及回收率试验等);阐明确定该含量限(幅)度的意义及依据(至少应有10批样品20个数据)。含量测定用对照品应符合《质量标准用对照品研究的技术要求》。其他经过试验而未选用的含量测定方法也应提供其全部试验资料,试验资料及相应的文献资料均列入《新药(中药材)申报资料项目》第6号药学资料。

8. 炮制

说明炮制药味的目的及炮制工艺制定的依据。

9. 性味与归经、功能与主治

应符合《新药(中药材)申报资料项目》第20号临床资料的要求。

# 实验十二　未知生药混合粉末和药材的鉴别

## 一、实验目的

1. 考查学生对生药鉴定实验方法的掌握情况及设计鉴定方案的能力。
2. 掌握鉴定生药粉末的显微及理化方法。

3. 掌握生药药材性状的鉴别要点。

二、实验内容

1. 鉴别生药粉末混合物由哪几种生药粉末组成(通常为两至三种)。
2. 按编号写出各生药饮片的名称(20~30种)。

三、实验方法

(一)未知粉末的鉴定

未知药材粉末鉴定的一般程序：

1. 初步试验

（1）颜色：如果样品为草绿色，说明可能为叶类全草类药材；如果样品是棕黄色，说明可能不含或少含叶类药材。

（2）气：如有香气，说明是芳香性药材，如肉桂、丁香、小茴香、砂仁、姜等含挥发油成分的药材。

（3）味：如是苦味，可能是含有生物碱或甙类的药材；如为甜味，可能是含糖较多的药材。

（4）质地：注意其纤维性强否，有无发亮物质和颗粒等。

（5）加水振摇后，如无黏性，说明是不含树胶及多量黏液的药材；如产生持久性泡沫，则说明是含有皂甙类的药材。

（6）在滤纸间加压，如无油渍，说明是不含果实、种子类等含油脂较多的药材。

（7）在白瓷板上加下列试剂，观察结果：

① 碘液：如呈蓝色或蓝黑色，说明含淀粉。

② 5% $FeCl_3$ 试液：如呈绿黑色，说明含鞣质。

③ 5% KOH 溶液：如不呈红色，说明不含游离蒽醌类成分。

④ 浓盐酸：如无气泡，说明不含碳酸盐。

2. 显微试验

（1）水合氯醛试液加热透化后，稀甘油装片，注意有无下列细胞及其内含物，并注意其大小、形状等特征。例如，木栓细胞、纤维、薄壁细胞、导管、管胞、筛管、油细胞、草酸钙晶体、石细胞、油管、乳管、树脂道等。假如未知物镜检结束未见到导管（或管胞），说明其样品可能是皮类药材；如见到含糊粉粒的胚乳细胞，说明其样品可能是种子类药材。

（2）用斯氏液（甘油醋酸液）装片观察淀粉粒及其他多糖类物，必要时用偏光显微镜观察淀粉粒的偏光现象。

（3）将粉末封藏在间苯三酚浓盐酸中，观察其导管、管胞及纤维的木化程度。

（4）将粉末封藏在紫草试液中，如无染成红色的物质，说明不含油脂类。

（5）将粉末封藏在墨汁中，如全部是黑色，并且无不染色的透明斑块，说明不含黏液。

3. 化学试验

主要是利用化学的方法确定未知粉末中所含化学成分的类型，如生物碱类、黄酮类、蒽醌类、糖类、多糖或甙类成分等。其检识化学反应可根据所选药材自定，选取方法可参考《中草药化学》中的有关章节。

4. 结论

根据各种试验结果进行综合分析，参考有关资料，得出结论。必要时可选取对照品进行对照核实,以保证结论的可靠性。

(二) 未知药材的鉴定

未知药材的鉴定主要分为以下几个项目:

1. 性状:系指药材的形状、大小、色泽、表面特征、质地、断面特征及气味等。
2. 显微鉴别:系指用显微镜观察药材切片或粉末等组织、细胞特征。
3. 理化鉴别:系指用化学或物理的方法对药材所含某些成分进行鉴别的试验。

以上各项的具体要求可参见《中国药典》2010年版附录"药材检定通则"。最后通过对各项试验结果进行综合分析,得出结论。

四、实验作业

1. 记录所观察到的各种试验结果。
2. 填写未知药材粉末鉴定报告。

# 附　录

## 一、常用试剂的配制和使用

1. 蒸馏水：一般用于观察细胞、淀粉粒等及洗涤、切片。

2. 70%乙醇：不能溶解菊糖，而能使之形成球形结晶析出，对黏液、树脂等也不溶解。对水溶性物质的观察，常用70%乙醇装置；对菌类和密生毛茸的材料，可先用乙醇透入，再用其他试剂装置，方不致蕴藏气泡。

3. 甘油醋酸液（斯氏溶液）：本液可防止淀粉粒崩裂，用于鉴定淀粉粒的装片。因蒸馏水的穿透力较弱，不易透过细胞壁，且装片较长时间后有崩裂现象，因此观察淀粉粒装片时，采用本液，其配方为甘油、50%醋酸、蒸馏水各等量。

4. 稀甘油：能稍使细胞透明及溶解某些水溶性的细胞后含物，并使材料保持湿润和软化，稀甘油常和水合氯醛同时作为临时封藏剂，可防止水合氯醛晶体析出，配方为甘油1份，加蒸馏水2份混合，加少许苯甲酸或酚作为防腐剂。

5. 水合氯醛液：为最常见的透明剂，能迅速透入组织，使干燥而收缩的细胞膨胀，细胞组织透明、清晰，并能溶解淀粉粒、树脂蛋白质和挥发油等，其配方为水合氯醛50g溶于25mL蒸馏水中。

6. 氯化锌碘试剂：氯化锌20g溶于8.5mL水后，滴加碘的碘化钾溶液（碘化钾3g，碘1.5g，水60mL），不断振摇至饱和，至没有碘的沉淀出现为止，置棕色玻璃瓶内保存，此试剂可使纤维素细胞壁呈蓝紫色，木化细胞壁呈黄色或棕色。

7. 间苯三酚试液：将间苯三酚1g溶于90%乙醇10mL中，用以鉴别木化细胞壁。应用时先加1～2滴于被检物体，放置约1min，加盐酸一滴，木化细胞壁即显红色，纤维素细胞壁则无反应。

8. 稀碘液：碘化钾1g溶于100mL水中，再加碘0.3g，置棕色瓶中。此液可使淀粉粒显蓝色，糊粉粒呈黄色。

9. 苏丹Ⅲ（苏丹红）试液：苏丹Ⅲ 0.01g溶于90%乙醇50mL，加甘油5mL，置棕色瓶内保存。此试剂能使角质及木栓质细胞壁显红色或橙红色，油滴呈红色。

10. 紫草试剂：紫草根粗粉10g，用90%乙醇100mL浸渍24h，过滤滤液后加等量甘油混匀，再过滤，贮棕色瓶内。它可使油滴显红色。

11. α-萘酚试液：α-萘酚1.5g溶于95%乙醇10mL。应用时先滴加本试液，1～2min后再加80%硫酸2滴，可使菊糖显紫色。

12. 麝香草酚试液:麝香草酚1g溶于95%乙醇10mL。应用时先滴加本试液,1~2min后再加80%硫酸2滴,可使菊糖显红色。

13. 番红溶液:

(1) 番红溶液Ⅰ:取0.5g番红溶于100mL 50%或70%的乙醇中,过滤后使用。

(2) 番红溶液Ⅱ:取0.5g番红溶于100mL蒸馏水中,过滤后使用。

14. 固绿染液:固绿0.1g溶于95%乙醇,并定容至100mL。

15. 铬酸-硝酸解离液:用10%铬酸与10%硝酸两者等量配制而成。此液适合木材及草本植物坚实茎的组织解离。

16. 甲醛-醋酸-乙醇固定液(F.A.A.):50%或70%乙醇90mL+冰醋酸5mL+37%~40%甲醛溶液5mL配制而成。此液可以固定植物的一切组织,但单细胞及丝状藻类不适用,也不适宜用于细胞学研究。固定时间2~24h,最好18h。幼嫩材料用50%乙醇代替70%乙醇,可防止材料收缩。如材料坚硬,可略减冰醋酸,略增加甲醛溶液;如材料易收缩,可稍增加冰醋酸。久置时,另加入5mL甘油,以防蒸发和材料变硬。此液不仅可用作固定剂,同时也是优良的保存剂。如用在植物胚胎的材料上,改用下面的配方效果较好:50%乙醇89mL+冰醋酸6mL+甲醛溶液5mL。

17. 甲醛-丙酸-乙醇固定液(FPA):甲醛5mL+丙酸5mL+50%乙醇90mL配制而成。此液可用于固定一般的植物组织,通常固定24h,可长久保存。

18. 卡诺氏(乙醇-醋酸-氯仿)固定剂:

(1) 配方Ⅰ:无水乙醇3份+冰醋酸1份。

(2) 配方Ⅱ:无水乙醇6份+冰醋酸1份+氯仿3份。

此液适用于植物组织和细胞学材料,是研究植物细胞分裂和染色体的优良固定液。固定时间不宜过久。

19. 乙醇-甲醛液:甲醛2~6(6~10)mL+70%乙醇100mL配制而成。此液用于固定一般的植物组织,尤其适用于萌发的花粉管的固定。通常固定24h,可长久保存。

20. 乙醇-甲醛-甘油固定液:95%乙醇150mL+5%甲醛100mL+甘油50mL配制而成。此液可长期储存材料。

21. 铬酸-醋酸固定液:根据固定对象的不同,可分强、中、弱3种不同的配方:

(1) 弱液配方:10%铬酸2.5mL+10%醋酸5mL+蒸馏水92.5mL配制而成。弱液用于固定较柔嫩的材料,例如藻类、真菌类、苔藓植物和蕨类的原叶体等。固定时间较短,一般为数小时,最长可固定12~24h,但藻类和蕨类的原叶体可缩短至几分钟到1h。

(2) 中液配方:10%铬酸7mL+10%醋酸10mL+蒸馏水83mL配制而成。中液用于固定根尖、茎尖、小的子房和胚珠等。为了易于渗透,可在此液中另加入2%的麦芽糖或尿素。固定时间为12~24h或更长。

(3) 强液配方:10%铬酸10mL+10%醋酸30mL+蒸馏水60mL配制而成。强液适用于木质的根、茎和坚韧的叶子、成熟的子房等。为了易于渗透,可在此液中另加入2%的麦芽糖或尿素。固定时间为12~24h或更长。

# 二、植物检索表

## 蕨类植物门分科检索表

1. 叶退化或细小,远不如茎那样发达,鳞片形、钻形或披针形,不分裂(少为二叉)。如叶为韭菜叶状的长钻形,则成簇生于短厚的肉质块状茎上。孢子囊不聚生成囊群,或单独生于叶的基部上面或腋间,或生于枝顶的孢子叶球内(小叶型蕨类)。
   2. 茎细长、圆柱形,直立,无真正的叶,有明显的节,单茎或在节上有轮生枝,中空,节间表面有纵沟脊,各节被轮生管状而有锯齿的鞘所围绕;孢子囊多数,生于盾状鳞片形的孢子叶的下面,在枝顶上形成单独椭圆形的孢子叶球 ………… 木贼纲 Sphenopsida
   
   木贼目 Equisetales
   
   木贼科 Equisetaceae
   2. 植物体形完全不同于上述;孢子囊腋生于孢子叶的基部或上面。
      3. 茎细长,往往多次二叉分枝;叶退化为无叶绿素的二叉小钻形或为正常的鳞片形或小钻形,分布于茎和枝的全长;孢子囊生于孢子叶的基部上表面(腋生);陆生植物
         4. 枝三角形,多次同位分枝;叶退化为二叉小钻形,无叶绿素;孢子囊近球形,三室 ………………………………………………… 松叶蕨纲 Psilotopsida
         
         松叶蕨目 Psilotales
         
         松叶蕨科 Psilotaceae
         4. 枝圆形,一至多次等位或不等位二叉分枝;叶小而正常,鳞片形、钻形、条形或披针形,有叶绿素;孢子囊扁肾形,一室 ……………… 石松纲 Lycopsida
            5. 茎辐射对称,无根托(支撑根);叶同型,少为二型,钻形或披针形,螺旋状排列,或少为鳞片形,交互对生,扁平,腹叶基部不具叶舌;孢子囊同型
            ……………………………………………………………………… 石松目 Lycopodiales
            
            石松科 Lycopodiaceae
            5. 茎常有腹、背之分,有根托;叶通常鳞片形,二型,为二列生(即四行排列),扁平或少为钻形,同型,少为螺旋状排列;腹叶基部有一小舌状体(叶舌);孢子囊二型 ……………………………………………………… 卷柏目 Selaginellales
            
            卷柏科 Selaginellaceae
      3. 茎略为扁圆的肉质块茎状,有不甚明显的三纵沟;叶长钻形,略扁圆,形如禾秧或韭菜,覆瓦状簇生于块茎上;孢子囊深藏于每叶的膨大基部内侧的穴内;孢子二型;浅水或沼泽植物(或一年中短期无水) ………………… 水韭纲 Isoetopsida
      
      水韭目 Isoetales
      
      水韭科 Isoetaceae
1. 叶远较茎发达,单叶或复叶。孢子囊通常生于正常叶的下面或边缘,或特化叶的下面或边缘,聚生成圆形、长形或条形的孢子囊群或孢子囊穗,或满布于叶下面(大叶型蕨类)
………………………………………………………………………………… 蕨纲 Filicopsida

6. 孢子囊起源于一群细胞,壁厚,由多层细胞组成 ············ 厚囊蕨亚纲 Eusporangiatidae
　7. 幼叶开放时为直立或倾斜;叶小,叶片二型,能育叶和不育叶出自共同的叶柄;孢子囊圆球形,不形成囊群而是成行地生于特化的叶片(能育叶)边缘(囊托),成穗状或圆锥形的复穗状的孢子囊序 ·················· 瓶尔小草目 Ophioglossales
　　8. 单叶(或少有自顶部深裂);叶脉网状;孢子囊序为单穗状;孢子囊大,为扁圆球形,陷入子囊托两侧,以横缝开裂 ···················· 瓶尔小草科 Ophioglossaceae
　　8. 复叶,一至三回羽状或掌状分裂;叶脉分离;孢子囊序为圆锥状或复穗状;孢子囊小,圆球形或近圆形,不陷入子囊托内,以纵缝或横缝开裂。
　　　9. 叶为二至三回羽状,少为一回羽状;孢子囊序为圆锥状,孢子囊圆球形,以横缝开裂 ······································ 阴地蕨科 Botrychiaceae
　　　9. 叶为掌状;孢子囊序为细长紧密的复穗状;孢子囊近圆形或卵形,以纵缝开裂 ································· 七指蕨科 Helminthostachyaceae
　7. 幼叶开放时为拳卷形,叶大,同型(无不育叶和能育叶之分),一至二回羽状或掌状;叶柄基部具一对肉质托叶;孢子囊船形,腹部纵裂,生于正常叶的下面,集合成条形或矩圆形(少为圆形)的分离或聚合囊群 ············ 莲座蕨目 Marattiales
　　10. 叶为一至二回羽状;羽片(或小羽片)披针形,边缘有锯齿;叶脉分离;孢子囊群条形、长形或矩圆形,有规则地沿叶脉着生,由两排密布而分离的孢子囊组成 ·························································· 莲座蕨科 Angiopteridaceae
　　10. 叶为掌状指裂或三出;羽片卵状矩圆形,全缘;叶脉网状;孢子囊群为圆环形,中空,生于网脉的交结点上,为聚合囊群(即所有的孢子囊融合成一个整体),星散地分布于叶下面 ···················· 天星蕨科 Christenseniaceae
6. 孢子囊起源于一个细胞,壁薄,由一层细胞组成 ········ 薄囊蕨亚纲 Leptosporangiatidae
　11. 孢子同型;植物体形代表通常的蕨类植物,陆生或附生,少为湿生或水生,一般为中型或大型植物(有时为树型) ·················· 同型孢子蕨类 Filiceshomosporae
　　　　　　　　　　　　　　　　　　　　　　　　　　　　(真蕨目 Eufilicales)
　　12. 海滩潮汐植物或池塘淡水植物。
　　　13. 海滩潮汐植物;叶革质,同型,单数一回羽状;孢子囊密布于叶下面,叶边不反折 ······························· 卤蕨科 Acrostichaceae
　　　13. 池塘水沟淡水植物(漂浮或生于淤泥中);叶多汁,草质,二形,二至三回羽状;孢子囊疏生于能育叶下面的网脉上并为反折的叶边掩盖 ·························································· 水蕨科 Ceratopteridaceae
　　12. 陆生或附生植物(少为湿生)。
　　　14. 植物全体无鳞片,也无真正的毛,幼时仅有黏质腺体绒毛,不久消失。
　　　　15. 叶柄基部两侧膨大为托叶状;叶二型(或羽片二型),一至二回羽状;羽片或小羽片大,披针形至矩圆形;孢子囊不定型。
　　　　　16. 叶柄基部两侧外面不具疣状突起的气囊体;能育叶(或同一叶上的能育羽片)特化为穗状或复穗状的孢子囊序 ··· 紫萁科 Osmundaceae
　　　　　16. 叶柄基部两侧外面各具一行或少数疣状突起的气囊体(往往上升到叶柄和叶轴);能育叶的羽片狭缩成狭条形,孢子囊群成熟时满布于

47

叶下面,幼时叶边反折如假囊群盖·········瘤足蕨科 Plagiogyriaceae
15. 叶柄基部两侧不膨大为托叶状;叶一型,二至四回羽状细裂(少有一回羽状);小羽片极小,不同于上述形状;孢子囊群小,圆形,生于小脉的近顶
·················································· 稀子蕨科 Monachosoraceae
14. 植物体通常多少具有鳞片(特别在叶柄基部或根状茎上)或真正的毛(特别在叶片两面和羽轴或主脉上面),有时鳞片上也有针状刚毛。
17. 叶为强度的二型,不育叶广回羽状;能育叶的变质羽片在羽轴两侧或卷成筒形或聚合成分离的小球形 ·············· 球子蕨科 Onocleaceae
17. 叶为一型或二型,如为二型,则能育叶(或羽片)比不育叶(或羽片)仅为不同程度的狭缩,从不为同样的卷缩。
18. 孢子囊群(或囊托)突出于叶边之外。
19. 缠绕攀缘植物,有无限生长的茎;叶的结构由多层细胞组成,有气孔;孢子囊椭圆形,横生于短囊柄上,具有围绕顶端的环带
·················································· 海金沙科 Lygodiaceae
19. 不为缠绕攀缘植物(少有攀缘状),不具无限生长的茎;叶一般为薄膜质,由一层细胞组成,无气孔;孢子囊近球形,无柄,具有斜生环带,生于柱状而往往突出于叶缘外的囊托上,包于管状、喇叭状或二瓣唇形的囊群苞内 ·················· 膜蕨科 Hymenophyllaceae
18. 孢子囊群生于叶缘、缘内或叶背,从不如上述的那样突出于叶缘之外。
20. 孢子囊群生于叶缘,囊群盖由叶边变成,向叶背反折,掩盖孢子囊群,因是向内开(开向主脉)。
21. 孢子囊生于囊群盖下面的小脉上(少有生于脉间);羽片或小羽片为半开式或扇形;叶脉为扇形多回二叉分枝········ 铁线蕨科 Adiantaceae
21. 孢子囊生于叶缘,囊群盖不具小脉;羽片或小羽片不为对开式或扇形;叶脉通常不为扇形二叉分枝。
22. 孢子囊沿生于叶脉的一条边脉上,形成一条汇合囊群;囊群盖连续不断;叶柄禾秆色,少为棕色 ······ 凤尾蕨科 Pteridaceae
22. 孢子囊生于小脉顶端,幼时彼此分离,成熟时彼此往往接连成条形;囊群盖连续不断或为不同程度的断裂,有时几无盖;叶柄和叶轴一般为栗棕色或深褐色
·················································· 中国蕨科 Sinopteridaceae
20. 孢子囊群生于叶缘内,囊群盖自叶缘内生出并向外开(开向叶边),或囊群生于离叶缘较远的叶背上。
23. 囊群盖生于叶缘内(至少内瓣),位于小脉顶端,并开向叶边。
24. 囊群盖为内外两瓣的蚌壳形,革质;树状蕨;主轴圆柱状,短粗,不露出地面,密生金黄色的长软毛
·················································· 蚌壳蕨科 Dicksoniaceae
24. 囊群盖为半碗形、杯形、管形、近圆肾形或横生长形,非革质;中小形的草本植物;根状茎细长横生,有鳞片或不同类型的毛。

25. 通常为附生(少为攀缘)植物;根状茎上有阔鳞片,叶柄(有时羽片)以关节着生 ……………………………………………………………… 骨碎补科 Davalliaceae
25. 通常为陆生植物;根状茎上有灰白色针状刚毛或红棕色钻状鳞毛(即毛状的简单鳞片)。
  26. 植物全体(包括根状茎)有灰白色针状刚毛;孢子囊群不融合,囊群盖碗形或近圆肾形,单生于小脉顶端 ………………………… 碗蕨科 Dennstaedtiaceae
  26. 植株仅根状茎上有红棕色钻状鳞毛,其余光滑;孢子囊群常融合成聚生囊群,囊群盖横生长形或少为杯形,通常连结多数小脉的顶端 ……………………………………………………………… 鳞始蕨科 Lindsaeaceae
23. 孢子囊群生于叶背,远离叶边。如有囊群盖,则不同于上述形状,也不开向叶边。
  27. 孢子囊群圆形、长形或条形,彼此分离(偶有汇合);叶无能育和不育之分。
    28. 孢子囊群圆形。
      29. 孢子囊群有盖。
        30. 囊群盖下位(即生于孢子囊群的下面,幼时往往包着孢子囊群全部),球形、钵形、半球形或碟形(或有时简化成睫毛状)。
          31. 树型蕨类,往往有圆柱状的直立地上茎;叶大型,多回羽状,生于茎的顶部;叶柄上的鳞片坚厚;囊群盖半球形,薄膜质,早消失;孢子囊长梨形,环带斜生;囊托凸出 ……………………………………………………………… 桫椤科 Cyatheaceae
          31. 中小型草本植物;叶小,一回至三回羽状,生于根状茎上,鳞片膜质或纸质;孢子囊梨圆形,环带直立;囊托小,从不凸出。
            32. 温带小型植物;叶狭小,披针形,一回羽状;囊群盖膜质,钵形、杯形或碟形或有时简化成睫毛状 ……………………………………………………………… 岩蕨科 Woodsiaceae
            32. 亚热带和热带中型植物;叶阔卵圆形,三至四回羽状;囊群盖为革质圆球形或膜质半球形 ……………………………………………………………… 球盖蕨科 Peranemaceae
        30. 囊群盖上位(即平坦而盖于孢子囊群上面),盾形、圆肾形或少为鳞片形,基部略为压在成熟的孢子囊群之下(如冷蕨属 Cystopteris)。
          33. 囊群盖为圆肾形或盾形。
            34. 单叶,披针形,全缘;叶柄有关节;叶脉分离;囊群盖肾形,靠近主脉着生 ……………… 条蕨科 Oleandraceae
            34. 一至四回羽状复叶;叶柄无关节(有时羽片以关节着生于叶轴);叶脉分离或网状。
              35. 叶一回羽状;羽片以关节着生于叶轴;叶脉分离。
                36. 孢子囊群生于小脉顶端之下;囊群盖盾形;羽片基部下侧为耳形 …… 鳞毛蕨科 Dryopteridaceae
                  (拟贯众属 Cydopeltis)
                36. 孢子囊群生于小脉顶端;囊群盖肾形;羽片基部

　　　　　　　　下侧不为耳形 ………… 骨碎补科 Davalliaceae
　　　　　　　　　　　　　　　　　　　（肾蕨属 Nephrolepis）
35. 叶一至多回羽状；羽片不以关节着生于叶轴；叶脉分离或网状。
　　37. 植物体（尤其是羽轴上面）有淡灰色的针状刚毛，叶柄基部的鳞片上也
　　　　往往有同样的毛；叶柄基部横断面有两条扁阔的维管束
　　　　…………………………………………………… 金星蕨科 Thelypteridaceae
　　37. 植物体（至少在根状茎上）有阔鳞片，无上述针状毛；叶柄基部横断面有
　　　　多支小圆形的维管束。
　　　　38. 叶为草质或近纸质，干后褐绿色；羽片主脉上面隆起，通常有多细
　　　　　　胞的棕色腊肠状的软毛密生 ………… 三叉蕨科 Aspidiaceae
　　　　38. 叶为纸质，干后淡绿色；羽片主脉上面凹入，不具上述的毛
　　　　　　……………………………………………… 鳞毛蕨科 Dryopteridaceae
　　33. 囊群盖为鳞片形，基部略为压在成熟的孢子囊群之下 …… 蹄盖蕨科 Athyriaceae
　　　　　　　　　　　　　　　（冷蕨属 Cystopteris，光叶蕨属 Cystoathyrium）
29. 孢子囊群无盖。
　　39. 树型蕨类或地上主杆往往不显著；叶大型，多回羽状（少有二回羽裂）；叶柄上有
　　　　披针形深棕色坚厚鳞片；孢子囊长梨形，有斜生环带；囊托大而凸出
　　　　…………………………………………………………………… 桫椤科 Cyatheaceae
　　39. 植物体不同于上述；孢子囊近圆形；囊托小而不凸出。
　　　　40. 叶为二至多回的同位二叉分枝，下面通常灰白色；分叉处的腋间有一个休眠
　　　　　　芽；孢子囊群由少数（2~10个）孢子囊组成；环带水平横绕，从侧面纵裂
　　　　　　……………………………………………………………… 里白科 Gleicheniaceae
　　　　40. 叶为单叶或羽状分枝，少为扇形分裂，下面不为灰白色；孢子囊群由多数孢
　　　　　　子囊组成；环带直立或斜生。
　　　　　　41. 叶柄基部以关节着生于根状茎上。
　　　　　　　　42. 叶卵状三角形，细裂，五星状毛；孢子囊群也无盾状夹丝覆盖
　　　　　　　　　　………………………………………… 雨蕨科 Gymnogrammitidaceae
　　　　　　　　42. 单叶，全缘，或一回羽状；有星状毛，或孢子囊群幼时有长柄的盾状
　　　　　　　　　　夹丝覆盖 ………………………………… 水龙骨科 Polypodiaceae
　　　　　　41. 叶柄基部无关节。
　　　　　　　　43. 植物遍体或至少各回羽轴上面有针状毛。
　　　　　　　　　　44. 小型植物，单叶或一至三回羽状复叶，有红棕色（有时灰色）的
　　　　　　　　　　　　刚毛；孢子囊群往往多少陷于叶肉内
　　　　　　　　　　　　…………………………………………… 禾叶蕨科 Grammitidaceae
　　　　　　　　　　44. 中型植物，一至三回羽裂或羽状；有淡灰色刚毛；孢子囊群为
　　　　　　　　　　　　叶表面生。
　　　　　　　　　　　　45. 根状茎和叶柄基部无鳞片；灰白色的毛为多细胞；孢子囊
　　　　　　　　　　　　　　群生于小脉顶端，不变质的叶边常多少反折如假囊群盖
　　　　　　　　　　　　　　……………………………………… 碗蕨科 Hypolepidaceae

45. 根状茎和叶柄基部多少有鳞片;灰白色的毛为单细胞(有时多细胞);孢子囊群生于小脉背上,有真正的囊群盖或无盖 ……… 金星蕨科 Thelypterdaceae

43. 植物体不具上述的针状毛或有棕色腊肠形的多细胞软毛(特别在羽轴上面)。

46. 叶片上面或至少在各回隆起的小羽轴上面有棕色腊肠形的多细胞软毛密生 …………………………………………………………… 三叉蕨科 Aspidiaceae

46. 无上述的毛或至多有腺毛;小羽轴上面凹入,通常并与羽轴(或叶轴)互通。

47. 叶为一至多回羽状;根状茎上的鳞片质薄;叶脉分离或偶有连结,但无内藏小脉 ……………………… 蹄盖蕨科 Athyriaceae

47. 叶为扇形,多回二叉分裂;叶脉网状并有内藏小脉 …………………………………………………………… 双扇蕨科 Dipteridaceae

28. 孢子囊群长形或条形。

48. 孢子囊群有盖,盖长形、条形,或上端为钩形或马蹄形。

49. 孢子囊群生于主脉两侧的狭长网眼内,贴近主脉并与之并行;囊群盖开向主脉;叶柄基部横断面有小圆形的维管束多条排成一个圆圈 …… 乌毛蕨科 Blechnaceae

49. 孢子囊群生于主脉两侧的斜出分离脉上(少有在多角形网眼内)并与之斜交;囊群盖斜开向主脉;叶柄基部横断面有侧生扁阔的维管束二条。

50. 鳞片细胞为粗筛孔形,网眼大而透明;叶柄内的二条维管束向叶轴上部不汇合;囊群盖为长形或条形,常单独生于小脉向轴的一侧(少有生于离轴的一侧) ……………………… 铁角蕨科 Aspleniaceae

50. 鳞片细胞为窗格子形,网眼狭小而不透明;叶柄内二条维管束向叶轴上部汇合成 V 字形;囊群盖生于小脉的一侧或两侧,长形、条形或腊肠形,上端往往成钩形或马蹄形 ……………… 蹄盖蕨科 Athyriaceae

48. 孢子囊群无盖。

51. 孢子囊群沿小脉分布(如为网状脉,则沿网眼生)。

52. 单叶。

53. 叶的基部楔形,肉质,无毛;根状茎上的鳞片细胞为粗筛孔形;孢子囊群多少陷入叶肉内并有夹丝 ……… 车前蕨科 Antrophyaceae

53. 叶的基部戟形,草质,有毛或无毛;根状茎上的鳞片细胞不为粗筛孔形;孢子囊群不陷入叶肉内 ……… 裸子蕨科 Cymnogrammaceae
(泽泻蕨属 Hemionitis)

52. 叶羽状。

54. 叶遍体有灰白色针状毛(顶端往往呈钩形) …………………………………………………………… 金星蕨科 Thelypteridaceae

54. 叶遍体不具同样的毛(或有疏柔毛或腺毛)。

55. 孢子囊有长柄,密集于小脉中部,成长形囊群;孢子两面型 …………………………… 蹄盖蕨科 Athyriaceae
(角蕨属 Cornopteris)

55. 孢子囊有短柄,疏生于小脉上,成狭条形;孢子四面型 …………………………… 裸子蕨科 Gymnogrammaceae

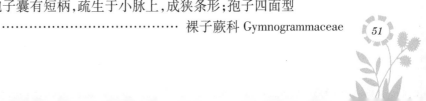

51. 孢子囊群不沿小脉分布。
　　56. 孢子囊群生于叶边和主脉之间,各成一条,并和主脉并行,或生于叶边的夹缝内。
　　　　57. 单叶,狭披针形或条形。
　　　　　　58. 叶为禾草形,不以关节着生于根状茎上;孢子囊群生于叶下面或叶边的夹缝内,有带状或棍棒状夹丝 ……… 书带蕨科 Vittariaceae
　　　　　　58. 叶不为禾草状,以关节着生于根状茎上;孢子囊群生于叶下面,有长柄的盾状夹丝或星状毛覆盖 ………… 水龙骨科 Polypodiaceae
　　　　57. 一回羽状叶;羽片披针形 …………… 鳞始蕨科 Lindsaeaaceae
　　　　　　　　　　　　　　　　　　　　　　　　（竹叶蕨属 Taenitis）
　　56. 孢子囊群不和主脉并行而为斜交。
　　　　59. 叶柄基部以关节着生于根状茎上 ……… 水龙骨科 Polypodiaceae
　　　　59. 叶柄基部不以关节着生于根状茎上。
　　　　　　60. 植物体型如苏铁,具有直立圆柱状的粗主轴,顶端簇生一回羽状叶 ……………… 乌毛蕨科 Blechnaceae
　　　　　　　　　　　　　　　　　　　　　　　　（苏铁蕨属 Brainea）
　　　　　　60. 植物体型为一般的蕨类型,不具直立圆柱状的粗主轴;单叶、披针形 ……………… 剑蕨科 Loxogrammaceae
27. 孢子囊不聚生成圆形、长形或条形,而一开始就密布于能育叶的下面;叶有能育与不育之分。
　　61. 植物形如莎草;叶狭长不分枝,无叶脉,顶端生有一簇狭条形的能育裂片;各裂片下面生有 2~4 列的孢子囊;孢子囊椭圆形,横生,顶端生环带,由此向另一端开裂 ……………………………………………… 莎草蕨科 Schizaeaceae
　　61. 植物体型和孢子囊完全不同于上述。
　　　　62. 单叶,披针形（少为矩圆形）;叶脉分离,并行;能育叶和不育叶同形,略较狭 ………………… 舌蕨科 Elaphoglossaceae
　　　　62. 叶一回羽状,掌状指裂。如为单叶,则叶脉网状能育叶和不育叶为显著二型。
　　　　　　63. 单叶、网脉、不育叶往往二叉浅裂;根状茎上密生锈黄色绢丝状长软毛 ……………… 燕尾蕨科 Cheiropleuriaceae
　　　　　　63. 叶为单叶、一回羽状或掌状指裂;根状茎上有鳞片。
　　　　　　　　64. 叶柄基部以关节着生于根状茎上;单叶或掌状指裂 ……………… 水龙骨科 Polypodiaceae
　　　　　　　　64. 叶柄基部不以关节着生于根状茎上;叶为一回羽状。
　　　　　　　　　　65. 根状茎横生,或为附生攀缘藤本;叶脉分离或形成少数大网眼。
　　　　　　　　　　　　66. 攀缘藤本,高可达 10 m 左右;羽片以关节着生于叶轴。
　　　　　　　　　　　　　　67. 茎扁平,腹面生根,固着于树干上;羽片草质,全缘或略呈波状 ……… 藤蕨科 Lomariopsidadeae
　　　　　　　　　　　　　　67. 茎圆棒形,不生根;羽片草质,边缘有软骨质硬齿

　　　　　　　　　　　　　　　　　　　　　　　　乌毛蕨科 Blechnaceae
　　66. 不为攀缘植物;羽片不以关节着生于叶轴 ………… 藤蕨科 Lomariopsidaceae
　65. 根状茎直立;叶脉为复网状。
　　68. 海滩潮汐植物(偶有生于云南南部的淡水沟中);叶革质;羽片无侧脉;网脉
　　　 不具内藏小脉;孢子囊群有夹丝…………………………… 卤蕨科 Acrostichaceae
　　68. 山地林下植物;叶草质;羽片有明显侧脉,网脉内通常有内藏小脉;孢子囊群
　　　 无夹丝 …………………………………………………… 三叉蕨科 Aspidiaceae
11. 孢子二型;水生植物,体型完全不同于一般蕨类 …… 异型孢子蕨类 Filicesheterosporae
　69. 浅水生(或湿生)植物;根状茎细长横生;叶为"田"字形,由四片倒三角形的小叶
　　　组成,生于长柄的顶端;孢子果(荚)生于叶柄基部,包藏二至多枚的孢子囊,其中
　　　大孢子囊和小孢子囊混生 ………………………………………… 萍科 Marsileaceae
　69. 水面漂浮植物,无真根或有短须根;单叶,全缘或为二深裂,无柄,二至三列(如为
　　　三列,则下面一列的叶细裂成根状,沉于水中);孢子果(荚)生于茎的下面,包藏
　　　多数孢子囊,每果中仅生大孢子囊或小孢子囊 ………………… 槐叶萍目 Salviniales
　　70. 植物无真根;三叶轮生于细长茎上,上面二叶为矩圆形,漂于水面,下面一叶
　　　　特化,细裂成须根状,悬垂水中,生孢子果(荚) …………… 槐叶萍科 Salviniaceae
　　70. 植物有丝线状的真根;叶微小如鳞片,二列互生,每叶有上下二裂片,上裂片
　　　　漂浮水面,下裂片浸沉水中,生孢子果(荚)…………………… 满江红科 Azollaceae

## 裸子植物门分科检索表

1. 棕榈状常绿木本植物,多无分枝,叶为羽状复叶,小叶多数 ……… 苏铁科 Gycadaceae
1. 植物体非棕榈状态,有分枝,叶为单叶。
　2. 叶为扇形,具有叶柄,叶脉二叉状。 ………………………………… 银杏科 Ginkgoaceae
　2. 叶为针状、鳞片状、线形,稀为椭圆形或披针形。
　　3. 种子及种鳞(果鳞)集生为木质球果或浆果状。
　　　4. 叶束生、丛生或螺旋状散生。
　　　　5. 每种鳞具有 2~9 枚种子,种子周边具有一环形狭翅;雄蕊具有 2~9 枚花
　　　　　 粉囊 ……………………………………………………… 杉科 Taxodiaceae
　　　4. 叶对生。
　　　　6. 叶为落叶性,种鳞 7~8 对,呈交互对生(水杉 Metasequoiaglyptostrboides)
　　　　　 ……………………………………………………… 水杉科 Metasequoiaceae
　　　　6. 叶为常绿性,种鳞数对,为锲合状、覆瓦状或盾状排列
　　　　　 ……………………………………………………… 柏科 Cupressaceae
　　3. 种子多单生,为核果状。
　　　7. 叶为线形、披针形或稀为椭圆形,叶脉非羽状脉;雌花无管状假花被。
　　　　8. 胚珠单生。
　　　　　9. 雄蕊具有 2~8 枚花粉囊,花粉无翼 ………………… 紫杉科 Taxaceae
　　　　　9. 雄蕊仅有 2 枚花粉囊,花粉有翼 ………………… 罗汉松科 Podocarpaceae
　　　　8. 胚珠 2 枚………………………………………………… 粗榧科 Cephadraceae

7. 叶为鳞片状或椭圆形,而椭圆形叶为具羽状叶脉;雌花有管状假花被。
   10. 直立性灌木或亚灌木,叶为细小鳞片状,非羽状叶脉 ········· 麻黄科 Ephedraceae
   10. 缠绕性藤本,叶为稍阔的椭圆形,具有羽状叶脉[倪藤(买麻藤)gnetum indicum]
                                              倪藤科(买麻藤科)Gnetaceaee

### 被子植物门分科检索表

1. 子叶 2 个,极稀可为 1 个或较多;茎具中央髓部;在多年生的木本植物且有年轮;叶片常具网状脉;花常为 5 出或 4 出数。·················· 双子叶植物纲 Dicotyledoneae
  2. 花无真正的花冠(花被片逐渐变化,呈覆瓦状排列成 2 至数层的,也可在此检查);有或无花萼,有时且可类似于花冠。
    3. 花单性,雌雄同株或异株,其中雄花,或雌花和雄花均可成荑花序或类似荑状的花序。
      4. 无花萼,或在雄花中存在。
        5. 雌花以花梗着生于椭圆形膜质苞片的中脉上;心皮 1 枚
                             ············· 漆树科 Anacardiaceae
                                      (九子不离母属 Dobinea)
        5. 雌花情形非如上述;心皮 2 枚或更多。
          6. 多为木质藤本;叶为全缘单叶,具掌状脉;果实为浆果
                                      ······················ 胡椒科 Piperaceae
          6. 乔木或灌木;叶可呈各种形式,但常为羽状脉;果实不为浆果。
            7. 旱生性植物,有具节的分枝和极退化的叶片,后者在每节上且连合成为具齿的鞘状物 ·············· 木麻黄科 Casuarinaceae
                                          (木麻黄属 Casuarina)
            7. 植物体为其他情形者。
              8. 果实为具多数种子的蒴果;种子有丝状毛茸
                                      ············ 杨柳科 Salicaceae
              8. 果实为仅具 1 枚种子的小坚果、核果或核果状的坚果。
                9. 叶为羽状复叶;雄花有花被
                                 ············ 胡桃科 Juglandaceae
                9. 叶为单叶(有时在胡桃科的 Engelhardtia 中叶为羽状复叶)。
                  10. 果实为肉质核果;雄花无花被
                                ············ 杨梅科 Myricaceae
                  10. 果实为小坚果;雄花有花被
                                ············ 桦木科 Betulaceae
      4. 有花萼,或在雄花中不存在。
        11. 子房下位。
          12. 叶对生,叶柄基部互相连合············ 金粟兰科 Chloranthaceae
          12. 叶互生。
            13. 叶为羽状复叶 ············ 胡桃科 Juglandaceae
            13. 叶为单叶。

14. 果实为蒴果 …………………………………… 金缕梅科 Hamamelidaceae
14. 果实为坚果。
 15. 坚果封藏于一变大呈叶状的总苞中 …………………… 桦木科 Betulaceae
 15. 坚果有一壳斗下托,或封藏在一多刺的果壳中 …… 山毛榉科 Fagaceae
11. 子房上位。……………………………………………………………（壳斗科）
 16. 植物体中具白色乳汁。
  17. 子房 1 室;桑葚果 …………………………………… 桑科 Moraceae
  17. 子房 2~3 室;蒴果 ………………………………… 大戟科 Euphorbiaceae
 16. 植物体中无乳汁,或在大戟科的重阳木属 Bischofia 中具红色汁液。
  18. 子房为单心皮所组成;雄蕊的花丝在花蕾中向内屈曲
   ………………………………………………………… 荨麻科 Urticaceae
  18. 子房为 2 枚以上的连合心皮所组成;雄蕊的花丝在花蕾中常直立(在大戟科重阳木属 Biscnofia 及巴豆属 Croton 中则向前屈曲)。
   19. 果实为 3 个(稀为 2~4 个)离果瓣所成的蒴果;雄蕊 10 枚至多数,有时少于 10 枚 ………………………… 大戟科 Euphorbiaceae
   19. 果实为其他情形;雄蕊少数至数枚(大戟科的黄桐树属 Endospermum 为 6~10 枚),或和花萼裂片同数且对生。
    20. 雌雄同株的乔木或灌木。
     21. 子房 2 室;蒴果 ………………… 金缕梅科 Hamamelidaceae
     21. 子房 1 室;坚果或核果 ………………………… 榆科 Ulmaceae
    20. 雌雄异株的植物。
     22. 草本或草质藤本;叶为掌状分裂或为掌状复叶
      ………………………………………………… 桑科 Moraceae
     22. 乔木或灌木;叶全缘,或在重阳木属为由 3 枚小叶所组成的复叶 ………………………… 大戟科 Euphorbiaceae
3. 花两性或单性,但并不成为葇荑花序。
 23. 子房或子房室内有数枚至多枚胚珠。
  24. 寄生性草本,无绿色叶片 ……………………… 大花草科 Raffiesiaceae
  24. 非寄生性植物,有正常绿叶,或叶退化而以绿色茎代行叶的功用。
   25. 子房下位或部分下位。
    26. 雌雄同株或异株。如为两性花,则成肉质穗状花序。
     27. 草本。
      28. 植物体含多量液汁;单叶常不对称
       ……………………………………………… 秋海棠科 Begoniaceae
       （秋海棠属 Begonia）
      28. 植物体不含多量液汁;羽状复叶
       ……………………………………………… 四数木科 Datiscaceae
       （野麻属 Datisca）
     27. 木本。

29. 花两性,成肉质穗状花序;叶全缘 ……………… 金缕梅科 Hamamelidaceae
（假马蹄荷属 Chunia）

29. 花单性,成穗状、总状或头状花序;叶缘有锯齿或具裂片。
    30. 花成穗状或总状花序;子房1室 ……………… 四数木科 Datiscaceae
（四数木属 Tetrameles）
    30. 花呈头状花序;子房2室 ……………… 金缕梅科 Hamamelidaceae
（枫香树亚科 Liquidambaroideae）

26. 花两性,但不成肉质穗状花序。
    31. 子房1室。
        32. 无花被;雄蕊着生在花被上 ……………… 三白草科 Saururaceae
        32. 有花被;雄蕊着生在花被上。
            33. 茎肥厚,绿色,常具棘针;叶常退化;花被片和雄蕊都多数;浆果
                ……………… 仙人掌科 Cactaceae
            33. 茎不成上述形状;叶正常;花被片和雄蕊皆为五出或四出数,或在雄蕊数为前者的2倍;蒴果 ……………… 虎耳草科 Saxifragaceae
    31. 子房4室或更多室。
        34. 乔木;雄蕊为不定数 ……………… 海桑科 Sonnerafiaceae
        34. 草木或灌木。
            35. 雄蕊4枚 ……………… 柳叶菜科 Onagraceae
（丁香蓼属 Liudwigia）
            35. 雄蕊6枚或12枚 ……………… 马兜铃科 Aristolochiaceae

25. 子房上位。
    36. 雌蕊或子房2个,或更多。
        37. 草本。
            38. 复叶或多少有些分裂,稀可为单叶(仅驴蹄草属 Caltha),全缘或具齿裂;心皮多数至少数 ……………… 毛茛科 Ranunculaceae
            38. 单叶,叶缘有锯齿;心皮和花萼裂片同数
                ……………… 虎耳草科 Saxifragaceae
（扯根菜属 Penthorurn）
        37. 木本。
            39. 花的各部为整齐的三出数 ……………… 木通科 Lardizabalaceae
            39. 花为其他情形。
                40. 雄蕊数枚至多数,连合成单体 ……………… 梧桐科 Sterculiaceae
（苹婆族 Sterculieae）
                40. 雄蕊多数,离生。
                    41. 花两性;无花被 ……………… 昆栏树科 Trochdendraceae
（昆栏树属 Trochodendron）
                  41. 花雌雄异株,具4枚小型萼片
                      ……………… 连香树科 Cercidiphyllaceae

36. 雌蕊或子房单独1个。
    42. 雄蕊周位,即着生于萼筒或杯状花托上。
        43. 有不育雄蕊,且和8~12枚能育雄蕊互生 ………… 大风子科 Flacourtiaceae
                （山羊角树属 Casearia）
        43. 无不育雄蕊。
            44. 多汁草本植物;花萼裂片呈覆瓦状排列,成花瓣状,宿存;蒴果盖裂
              ………………………………………………… 番杏科 Aizoaceae
                （海马齿属 Sesuvium）
            44. 植物体为其他情形;花萼裂片不成花瓣状。
                45. 叶为双数羽状复叶,互生;花萼裂片呈覆瓦状排列;果实为荚果;常
                    绿乔木 ………………………………………… 豆科 Leguminosae
                    （云实亚科 Caesalpinoideae）
                45. 叶为对生或轮生单叶;花萼裂片呈镊合状排列;非荚果。
                    46. 雄蕊为不定数;子房10室或更多室;果实浆果状
                        ………………………………………… 海桑科 Sonneratiaceae
                    46. 雄蕊4~12枚(不超过花萼裂片的2倍);子房1室至数室;果
                      实蒴果状。
                      47. 花杂性或雌雄异株,微小,成穗状花序,再成总状或圆锥
                        状排列 ……………………… 隐翼科 Crypteroniaceae
                              （隐翼属 Crypteronia）
                      47. 花两性,中型,单生至排列成圆锥花序
                        ………………………………………… 千屈菜科 Lythraceae
    42. 雄蕊下位,即着生于扁平或凸起的花托上。
        48. 木本;叶为单叶。
            49. 乔木或灌木;雄蕊常多数,离生;胚珠生于侧膜胎座或隔膜上
              ………………………………………………… 大风子科 Flacourtiaceae
        48. 草本或亚灌木。
            50. 植物体沉没水中,常为一具背腹面呈原叶体状的构造,像苔藓
              ………………………………………………… 河苔草科 Podostemaceae
            50. 植物体非如上述情形。
                51. 子房3~5室。
                    52. 食虫植物;叶互生;雌雄异株 ……… 猪笼草科 Nepenthaceae
                            （猪笼草属 Nepenthes）
                    52. 非为食虫植物;叶对生或轮生;花两性 …… 番杏科 Aizoaceae
                            （粟米草属 Mollugo）
                51. 子房1~2室。
                  53. 叶为复叶或多少有些分裂 ………… 毛茛科 Ranunculaceae
                53. 叶为单叶。
                    54. 侧膜胎座。

55. 花无花被 …………………………………………… 三白草科 Saururaceae
55. 花具 4 枚离生萼片 ……………………………………… 十字花科 Cruciferae
54. 特立中央胎座。
56. 花序呈穗状、头状或圆锥状;萼片多少为干膜质 ……… 苋科 Amaranthaceae
56. 花序呈聚伞状;萼片草质 ……………………… 石竹科 Caryophyllaceae
23. 子房或其子房室内仅有 1 枚至数枚胚珠。
57. 叶片中常有透明腺点。
58. 叶为羽状复叶 ……………………………………………… 芸香科 Rutaceae
58. 叶为单叶,全缘或有锯齿。
59. 草本植物或有时在金粟兰科为木本植物;花无花被,常成简单或复合的穗状花序,但在胡椒科齐头绒属 Zippelia 则成疏松总状花序。
60. 子房下位,仅 1 室有 1 枚胚珠;叶对生,叶柄在基部连合
…………………………………………… 金粟兰科 Chloranthaceae
60. 子房上位;叶为对生时,叶柄也不在基部连合。
61. 雌蕊由 3～6 枚近于离生心皮组成,每心皮各有 2～4 枚胚珠
…………………………………………… 三白草科 Saururaceae
（三白草属 Saururus）
61. 雌蕊由 1～4 枚合生心皮组成,仅 1 室,有 1 枚胚珠
………………………………………………… 胡椒科 Piperaceae
（齐头绒属 Zippelia,豆瓣绿属 Peperomia）
59. 乔木或灌木;花具一层花被;花序有各种类型,但不为穗状。
62. 花萼裂片常 3 片,呈镊合状排列;子房为 1 枚心皮所组成,成熟时肉质,常以 2 瓣裂开;雌雄异株 ……………… 肉豆蔻科 Myristicaceae
62. 花萼裂片 4～6 片,呈覆瓦状排列;子房由 2～4 枚合生心皮所组成。
63. 花两性;果实仅 1 室,蒴果状,2～3 瓣裂开
…………………………………………… 大风子科 Flacourtiaceae
（山羊角树属 Casearia）
63. 花单性,雌雄异株;果实 2～4 室,肉质或革质,很晚才裂开
…………………………………………… 大戟科 Euphorbiaceae
（白树属 Gelonium）
57. 叶片中无透明腺点。
64. 雄蕊连为单体,至少在雄花中有这现象,花丝互相连合成筒状或成一中柱。
65. 肉质寄生草本植物,具退化呈鳞片状的叶片,无叶绿素
…………………………………………… 蛇菰科 Balanophoraceae
65. 植物体非为寄生性,有绿叶。
66. 雌雄同株,雄花成球形头状花序,雌花以 2 朵同生于 1 枚有 2 室而具钩状芒刺的果壳中 ……………… 菊科 Compositae
（苍耳属 Xanthium）

66. 花两性。如为单性,雄花及雌花也无上述情形。
　　67. 草本植物;花两性。
　　　　68. 叶互生 …………………………………… 藜科 Chenopodiaceae
　　　　68. 叶对生。
　　　　　　69. 花显著,有连合成花萼状的总苞 ………… 紫茉莉科 Nyctaginaceae
　　　　　　69. 花微小,无上述情形的总苞 ……………………… 苋科 Amaranthaceae
　　67. 乔木或灌木,稀可为草本;花单性或杂性;叶互生。
　　　　70. 萼片呈覆瓦状排列,至少在雄花中如此 ………… 大戟科 Euphorbiaceae
　　　　70. 萼片呈镊合状排列。
　　　　　　71. 雌雄异株;花萼常具3裂片;雌蕊由1枚心皮组成,成熟时肉质,且常以2瓣裂开 ……………………………… 肉豆蔻科 Myristicaceae
　　　　　　71. 花单性或雄花和两性花同株;花萼具4~5枚裂片或裂齿;雌蕊由3~6枚近于离生的心皮所组成,各心皮于成熟时为革质或木质,呈蓇葖果状而不裂开 …………………… 梧桐科 Sterculiaceae
　　　　　　　　　　　　　　　　　　　　　　　　　　　　　　　　（苹婆族 Sterculieae）
64. 雄蕊各自分离,有时仅为1枚,或花丝成为分枝的簇丛(如大戟科的蓖麻属 Ricinus)。
　　72. 每花有雌蕊2枚至多数,近于或完全离生;或花的界限不明显时,则雌蕊多数,成一球形头状花序。
　　　　73. 花托下陷,呈杯状或坛状。
　　　　　　74. 灌木;叶对生;花被片在坛状花托的外侧排列成数层
　　　　　　　　……………………………………………… 蜡梅科 Calycanthaceae
　　　　　　74. 草本或灌木;叶互生;花被片在杯或坛状花托的边缘排列成一轮
　　　　　　　　…………………………………………………… 蔷薇科 Rosaceae
　　　　73. 花托扁平或隆起,有时可延长。
　　　　　　75. 乔木、灌木或木质藤本。
　　　　　　　　76. 花有花被 …………………………………… 木兰科 Magnoliaceae
　　　　　　　　76. 花无花被。
　　　　　　　　　　77. 落叶灌木或小乔木;叶卵形,具羽状脉和锯齿缘;无托叶;花两性或杂性,在叶腋中丛生;翅果无毛,有柄
　　　　　　　　　　　　………………………………… 昆栏树科 Trochodendraceae
　　　　　　　　　　　　　　　　　　　　　　　　　　　（领春木属 Euptelea）
　　　　　　　　　　77. 落叶乔木;叶广阔,掌状分裂,叶缘有缺刻或大锯齿;有托叶围茎成鞘,易脱落;花单性,雌雄同株,分别聚成球形头状花序;小坚果,围以长柔毛而无柄 ………… 悬铃木科 Platanaceae
　　　　　　　　　　　　　　　　　　　　　　　　　　　（悬铃木属 Platanus）
　　　　　　75. 草本或稀为亚灌木,有时为攀缘性。
　　　　　　　　78. 胚珠倒生或直生。
　　　　　　　　　　79. 叶片多少有些分裂或为复叶;无托叶或极微小;有花被(花萼);胚珠倒生;花单生或成各种类型的花序

　　　　　　　　　　　　　　　　　　　　　　　　　　……… 毛茛科 Ranunculaceae
　　　79. 叶为全缘单叶；有托叶；无花被；胚珠直生；花成穗形总状花序
　　　　　　　　　　　　　　　　　　　　　　　　　　……… 三白草科 Saururaceae
　　78. 胚珠常弯生；叶为全缘单叶。
　　　　80. 直立草本；叶互生，非肉质 ……………………………… 商陆科 Phytolaccaceae
　　　　80. 平卧草本；叶对生或近轮生，肉质 …………………………… 番杏科 Aizoaceae
　　　　　　　　　　　　　　　　　　　　　　　　　　　　　　（针晶粟草属 Gisekia）
72. 每花仅有1枚复合或单雌蕊，心皮有时于成熟后各自分离。
　81. 子房下位或半下位。
　　82. 草本。
　　　83. 水生或小型沼泽植物。
　　　　84. 花柱2个或更多；叶片（尤其沉没水中的）常成羽状细裂或为复叶
　　　　　　　　　　　　　　　　　　　　　　　　　　……… 小二仙草科 Haloragidaceae
　　　　84. 花柱1个；叶为线形全缘单叶 ………… 杉叶藻科 Hippuridaceae
　　　83. 陆生草本。
　　　　85. 寄生性肉质草本，无绿叶。
　　　　　86. 花单性，雌花常无花被；无珠被及种皮
　　　　　　　　　　　　　　　　　　　　　　　　　　……… 蛇菰科 Balanophoraceae
　　　　　86. 花杂性，有一层花被，两性花有1枚雄蕊；有珠被及种皮
　　　　　　　　　　　　　　　　　　　　　　　　　　……… 锁阳科 Cynomoriaceae
　　　　　　　　　　　　　　　　　　　　　　　　　　　　　　（锁阳属 Cynomorium）
　　　　85. 非寄生性植物，或于百蕊草属 Thesium 为半寄生性，但均有绿叶。
　　　　　87. 叶对生，其形宽广而有锯齿缘
　　　　　　　　　　　　　　　　　　　　　　　　　　……… 金粟兰科 Chloranthaceae
　　　　　87. 叶互生。
　　　　　　88. 平铺草本（限于我国植物），叶片宽，三角形，多少有些肉
　　　　　　　　质 ……………………………………………………… 番杏科 Aizoaceae
　　　　　　　　　　　　　　　　　　　　　　　　　　　　　（番杏属 Tetragonia）
　　　　　　88. 直立草本，叶片窄而细长 ………… 檀香科 Santalaceae
　　　　　　　　　　　　　　　　　　　　　　　　　　　　　（百蕊草属 Thesium）
　　82. 灌木或乔木。
　　　89. 子房3～10室。
　　　　90. 坚果1～2个，同生在一个木质且可裂为4瓣的壳斗里
　　　　　　　　　　　　　　　　　　　　　　　　　　……… 壳斗科 Fagaceae
　　　　　　　　　　　　　　　　　　　　　　　　　　　　　　（山毛榉科）
　　　　　　　　　　　　　　　　　　　　　　　　　　　　　（水青冈属 Fagus）
　　　　90. 核果，并不生在壳斗里。
　　　　　91. 雌雄异株，成顶生的圆锥花序，后者并不为叶状苞片所托
　　　　　　　　　　　　　　　　　　　　　　　　　　……… 山茱萸科 Cornaceae

(鞘柄木属 Torricellia)

91. 花杂性,形成球形的头状花序,后者为 2~3 枚白色叶状苞片所托 ……………………………………………………… 珙桐科 Nyssaceae

(珙桐属 Davidia)

89. 子房 1 或 2 室,或在铁青树科的青皮木属 Schoepfia 中,子房的基部可为 3 室。

92. 花柱 2 个。

93. 蒴果,2 瓣裂开 ………………………………… 金缕梅科 Hamamelidaceae

93. 果实呈核果状,或为蒴果状的瘦果,不裂开 ……… 鼠李科 Rhamnaceae

92. 花柱 1 个或无花柱。

94. 叶片下面多少有些具皮屑状或鳞片状的附属物 ……………………………………………………… 胡颓子科 Elaeagnaceae

94. 叶片下面无皮屑状或鳞片状的附属物。

95. 叶缘有锯齿或圆锯齿,稀可在荨麻科的紫麻属 Oreocnide 中有全缘者。

96. 叶对生,具羽状脉;雄花裸露,有雄蕊 1~3 枚 ……………………………………………………… 金粟兰科 Chloranthaceae

96. 叶互生,大多于叶基具三出脉;雄花具花被及雄蕊 4 枚(稀可 3 或 5 枚) ……………………………………… 荨麻科 Urticaceae

95. 叶全缘,互生或对生。

97. 植物体寄生在乔木的树干或枝条上;果实呈浆果状 ……………………………………………………… 桑寄生科 Loranthaceae

97. 植物体大多陆生,或有时可为寄生性;果实呈坚果状或核果状;胚珠 1~5 枚。

98. 花多为单性;胚珠垂悬于基底胎座上 ……………………………………………………… 檀香科 Santalaceae

98. 花两性或单性;胚珠垂悬于子房室的顶端或中央胎座的顶端。

99. 雄蕊 10 枚,为花萼裂片的 2 倍数 ……………………………………………………… 使君子科 Combretaceae

(诃子属 Terminalia)

99. 雄蕊 4 或 5 枚,和花萼裂片同数且对生 ……………………………………………………… 铁青树科 Olacaceae

81. 子房上位,如有花萼时,和它相分离,或在紫茉莉科及胡颓子科中,当果实成熟时,子房为宿存萼筒所包围。

100. 托叶鞘围抱茎的各节;草本,稀可为灌木 ……………… 蓼科 Polygonaceae

100. 无托叶鞘,在悬铃木科有托叶鞘但易脱落。

101. 草本,或有时在藜科及紫茉莉科中为亚灌木。

102. 无花被。

103. 花两性或单性;子房 1 室,内仅有 1 枚基生胚珠。

104. 叶基生,由 3 枚小叶组成;穗状花序在一个细长基生无叶的花梗上
　　　　　　　　　　　　　　　　　　　　　　　　　　蓼科 Polygonaceae
　　　　　　　　　　　　　　　　　　　　　　　　　　（裸花草属 Achlys）

104. 叶茎生,单叶;穗状花序顶生或腋生,但常和叶相对生
　　　　　　　　　　　　　　　　　　　　　　　　　　胡椒科 PiPeraceae
　　　　　　　　　　　　　　　　　　　　　　　　　　（胡椒属 Piper）

103. 花单性;子房 3 或 2 室。

　　105. 水生或微小的沼泽植物,无乳汁;子房 2 室,每室内含 2 枚胚珠
　　　　　　　　　　　　　　　　　　　　　　　　　　水马齿科 Callitrichaceae
　　　　　　　　　　　　　　　　　　　　　　　　　　（水马齿属 Callitriche）

　　105. 陆生植物;有乳汁;子房 3 室,每室内仅含 1 枚胚珠 …… 大戟科 Euphorbiaceae

102. 有花被。当花为单性时,特别是雄花更是如此。

106. 花萼呈花瓣状,且呈管状。

　　107. 花有总苞,有时这总苞类似花萼 ……………… 紫茉莉科 Nyctaginaceae
　　107. 花无总苞。
　　　　108. 胚珠 1 枚,在子房的近顶端 …………………… 瑞香科 Thymelaeaceae
　　　　108. 胚珠多枚,生在特立中央胎座上 …………… 报春花科 Primulaceae
　　　　　　　　　　　　　　　　　　　　　　　　　　（海乳草属 Claux）

106. 花萼非如上述情形。

　　109. 雄蕊周位,即位于花被上。
　　　　110. 叶互生,羽状复叶而有草质的托叶;花无膜质苞片;瘦果
　　　　　　　　　　　　　　　　　　　　　　　　　　蔷薇科 Rosaceae
　　　　　　　　　　　　　　　　　　　　　　　　　　（地榆属 Sanguisorbieae）
　　　　110. 叶对生,或在蓼科的冰岛蓼属 Koenigia 为互生,单叶无草质托叶;花有
　　　　　　　膜质苞片。
　　　　　　　111. 花被片和雄蕊各为 5 枚或 4 枚,对生;囊果;托叶膜质
　　　　　　　　　　　　　　　　　　　　　　　　　　石竹科 Caryophyllaceae
　　　　　　　111. 花被片和雄蕊各为 3 枚,互生;坚果;无托叶
　　　　　　　　　　　　　　　　　　　　　　　　　　蓼科 Polygonaceae
　　　　　　　　　　　　　　　　　　　　　　　　　　（冰岛蓼属 Koenigia）

　　109. 雄蕊下位,即位于子房下。
　　　　112. 花柱或其分支为 2 枚或数枚,内侧常为柱头面。
　　　　　　　113. 子房常为数枚至多数心皮连合而成……… 商陆科 Phytolaccaceae
　　　　　　　113. 子房常为 2 枚或 3（或 5）枚心皮连合而成。
　　　　　　　　　114. 子房 3 室,稀可 2 室或 4 室 …… 大戟科 Euphorbiaceae
　　　　　　　　　114. 子房 1 或 2 室。
　　　　　　　　　　　115. 叶为掌状复叶或具掌状脉而有宿存托叶
　　　　　　　　　　　　　　　　　　　　　　　　　　桑科 Moraceae
　　　　　　　　　　　　　　　　　　　　　　　　　　（大麻亚科 Cannaboideae）

115. 叶具羽状脉,或稀可为掌状脉而无托叶,也可在藜科中叶退化成鳞片或为肉质而形如圆筒。
  116. 花有草质而带绿色或灰绿色的花被及苞片 …… 藜科 Chenopodiaceae
  116. 花有干膜质而常有色泽的花被及苞片 ………… 苋科 Amaranthaceae
112. 花柱1个,常顶端有柱头,也可无花柱。
 117. 花两性。
  118. 雌蕊为单心皮;花萼由2枚膜质且宿存的萼片组成;雄蕊2枚
   ………………………………………………… 毛茛科 Ranunculaceae
                (星叶草属 Circaeaster)
  118. 雌蕊由2枚合生心皮组成。
   119. 萼片2片;雄蕊多数 ………………… 罂粟科 Papaveraceae
               (博落回属 Macleaya)
   119. 萼片4片;雄蕊2枚或4枚 ………… 十字花科 Cruciferae
               (独行菜属 Lepidium)
 117. 花单性。
  120. 沉没于淡水中的水生植物;叶细裂成丝状
   ………………………………………… 金鱼藻科 Ceratophyllaceae
               (金鱼藻属 Ceratophyllum)
  120. 陆生植物;叶为其他情形。
   121. 叶含多量水分;托叶连接叶柄的基部;雄花的花被2片;雄蕊多数
    ………………………………………… 假牛繁缕科 Theligonaceae
               (假牛繁缕属 Theligonum)
   121. 叶不含多量水分;如有托叶时,也不连接叶柄的基部;雄花的花被片和雄蕊均各为4或5枚,二者相对生 ……… 荨麻科 Urticaceae
101. 木本植物或亚灌木。
 122. 耐寒耐旱性的灌木,或在藜科的梭梭属 Haloxylon 为乔木;叶微小,细长或呈鳞片状,也可有时(如藜科)为肉质而成圆筒形或半圆筒形。
  123. 雌雄异株或花杂性;花萼为三出数,萼片微呈花瓣状,和雄蕊同数且互生;花柱1枚,极短,常有6~9个放射状且有齿裂的柱头;核果;胚体劲直;常绿而基部偃卧的灌木;叶互生,无托叶 ……………… 岩高兰科 Empetraceae
               (岩高兰属 Empetrum)
  123. 花两性或单性,花萼为五出数,稀可三出或四出数,萼片或花萼裂片草质或革质,和雄蕊同数且对生,或在藜科中雄蕊由于退化而数较少,甚或1个;花柱或花柱分枝2个或3个,内侧常为柱头面;胞果或坚果;胚体弯曲如环或弯曲成螺旋形。
   124. 花无膜质苞片;雄蕊下位;叶互生或对生;无托叶;枝条常具关节
    ……………………………………………… 藜科 Chenopodiaceae
   124. 花有膜质苞片;雄蕊周位;叶对生,基部常互相连合;有膜质托叶;枝条不具关节 ……………………… 石竹科 Caryophy11aceae

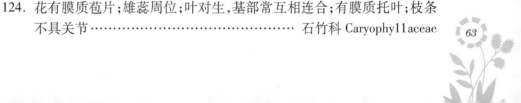

122. 不是上述的植物；叶片矩圆形或披针形，或宽广至圆形。
　　125. 果实及子房均为 2 至数室，或在大风子科中为不完全的 2 至数室。
　　　　126. 花常为两性。
　　　　　　127. 萼片 4 片或 5 片，稀可 3 片，呈覆瓦状排列。
　　　　　　　　128. 雄蕊 4 枚；4 室的蒴果 …………………… 木兰科 Magnoliaceao
　　　　　　　　　　　　　　　　　　　　　　　　　　（水青树属 Tetracentron）
　　　　　　　　128. 雄蕊多数；浆果状的核果 ………… 大风子科 Flacouriticeae
　　　　　　127. 萼片多 5 片，呈镊合状排列。
　　　　　　　　129. 雄蕊为不定数；具刺的蒴果 ………… 杜英科 Elaeocarpaceae
　　　　　　　　　　　　　　　　　　　　　　　　　　　（猴欢喜属 Sloanea）
　　　　　　　　129. 雄蕊和萼片同数；核果或坚果。
　　　　　　　　　　130. 雄蕊和萼片对生，各为 3~6 枚 ………… 铁青树科 Olacaceae
　　　　　　　　　　130. 雄蕊和萼片互生，各为 4 枚或 5 枚 ……… 鼠李科 Rhamnaceae
　　　　126. 花单性（雌雄同株或异株）或杂性。
　　　　　　131. 果实各种；种子无胚乳或有少量胚乳。
　　　　　　　　132. 雄蕊常 8 枚；果实坚果状或为有翅的蒴果；羽状复叶或单叶
　　　　　　　　　　……………………………………………… 无患子科 Sapindaceae
　　　　　　　　132. 雄蕊 5 枚或 4 枚，且和萼片互生；核果有 2~4 个小核；单叶
　　　　　　　　　　………………………………………………… 鼠李科 Rhamnaceae
　　　　　　　　　　　　　　　　　　　　　　　　　　　（鼠李属 Rhamnus）
　　　　　　131. 果实多呈蒴果状，无翅；种子常有胚乳。
　　　　　　　　133. 果实为具 2 室的蒴果，有木质或革质的外种皮及角质的内果皮
　　　　　　　　　　……………………………………………… 金缕梅科 Hamamelidaceae
　　　　　　　　133. 果实为蒴果时，也不像上述情形。
　　　　　　　　　　134. 胚珠具腹脊；果实有各种类型，但多为室间裂开的蒴果
　　　　　　　　　　　　………………………………………… 大戟科 Euphorbiaceae
　　　　　　　　　　134. 胚珠具背脊；果实为室背裂开的蒴果，或有时呈核果状
　　　　　　　　　　　　…………………………………………… 黄杨科 Buxaceae
　　125. 果实及子房均为 1 室或 2 室，稀可在无患子科的荔枝属 Litchi 及韶子属 Nephelium 中为 3 室，或在卫矛科的十齿花属 Dipentodon 及铁青树科的铁青树属 Olax 中，子房的下部为 3 室，而上部为 1 室。
　　　　135. 花萼具显著的萼筒，且常呈花瓣状。
　　　　　　136. 叶无毛或下面有柔毛；萼筒整个脱落
　　　　　　　　…………………………………………………… 瑞香科 Thymelaeaceae
　　　　　　136. 叶下面具银白色或棕色的鳞片；萼筒或其下部永久宿存，当果实成熟时，变为肉质而紧密包着子房
　　　　　　　　…………………………………………………… 胡颓子科 Elaeagnaceae
　　　　135. 花萼不像上述情形，或无花被。
　　　　　　137. 花药以 2 枚或 4 枚舌瓣裂开 ………… 樟树 Lauraceae

137. 花药不以舌瓣裂开。
    138. 叶对生。
        139. 果实为有双翅或呈圆形的翅果 ………………… 槭树科 Aceraceae
        139. 果实为有单翅而呈细长形兼矩圆形的翅果 ………… 木犀科 Oleaceae
    138. 叶互生。
        140. 叶为羽状复叶。
            141. 叶为二回羽状复叶，或退化仅具叶状柄(特称为叶状叶柄 phyllodia)
                ………………………………………………… 豆科 Leguminosae
                （金合欢属 Acacia）
            141. 叶为一回羽状复叶。
                142. 小叶边缘有锯齿；果实有翅 ………… 马尾树科 Rhoipteleaceae
                    （马尾树属 Rhoiptelea）
                142. 小叶全缘；果实无翅。
                    143. 花两性或杂性 ………………… 无患子科 Sapindaceae
                    143. 雌雄异株 ………………………… 漆树科 Anaeardiaceae
                        （黄连木属 Pistada）
        140. 叶为单叶。
            144. 花均无花被。
                145. 多为木质藤本；叶全缘；花两性或杂性，成紧密的穗状花序
                    ………………………………………………… 胡椒科 Piperaeeae
                      （胡椒属 Piper）
                145. 乔木；叶缘有锯齿或缺刻；花单性。
                    146. 叶宽广，具掌状脉或掌状分裂，叶缘具缺刻或大锯齿；有托叶，围茎成鞘，但易脱落；雌雄同株，雌花和雄花分别成球形的头状花序；雌蕊为单心皮；小坚果为倒圆锥形而有棱角，无翅也无梗，但围以长柔毛
                        ………………………………… 悬铃木科 Platanaceae
                        （悬铃木属 Platanus）
                    146. 叶椭圆形至卵形，具羽状脉及锯齿缘；无托叶；雌雄异株，雄花聚成疏松有苞片的簇丛，雌花单生于苞片的腋内；雌蕊由 2 枚心皮组成；小坚果扁平，具翅且有柄，但无毛
                        ………………………………… 杜仲科 Eucommiaceae
                        （杜仲属 Eucommia）
            144. 常有花萼，尤其在雄花。
              147. 植物体内有乳汁 …………………………… 桑科 Moraceae
              147. 植物体内无乳汁。
                148. 花柱或其分支 2 个或数个，但在大戟科的核实树属 Drypetes 中则柱头几无柄，呈盾状或肾脏形。
                    149. 雌雄异株或有时为同株；叶全缘或具波状齿。

150. 矮小灌木或亚灌木；果实干燥，包藏于具有长柔毛而互相连合成双角状的2枚苞片中；胚体弯曲如环 ·············· 藜科 Chenopodiaceae
（优若藜属 Eurotia）

150. 乔木或灌木；果实呈核果状，常为1室含1枚种子，不包藏于苞片内；胚体劲直 ·············· 大戟科 Euphorbiaceae

149. 花两性或单性；叶缘多有锯齿或具齿裂，稀可全缘。

151. 雄蕊多数。·············· 大风子科 Flacourtiaceae

151. 雄蕊10枚或较少。

152. 子房2室，每室有1枚至数枚胚珠；果实为木质蒴果。·············· 金缕梅科 Hamamelidaceae

152. 子房1室，仅含1枚胚珠；果实不是木质蒴果 ····· 榆科 Ulmaceae

148. 花柱1个，也可有时（如荨麻属）不存，而柱头呈画笔状。

153. 叶缘有锯齿；子房由1枚心皮组成。

154. 花两性 ·············· 山龙眼科 Proteaceae

154. 雌雄异株或同株。

155. 花生于当年新枝上；雄蕊多数 ·············· 蔷薇科 Rosaceae
（假稠李属 Maddenia）

155. 花生于老枝上；雄蕊和萼片同数 ·············· 荨麻科 Urticaceae

153. 叶全缘或边缘有锯齿；子房由2枚以上连心皮组成。

156. 果实呈核果状或坚果状，内有1枚种子；无托叶。

157. 子房具2室或2枚胚珠；果实于成熟后由萼筒包围 ·············· 铁青树科 Olacaceae

157. 子房仅具1枚胚珠；果实和花萼相分离，或仅果实基部由花萼衬托之 ·············· 山柚仔科 Opiliaceae

156. 果实呈蒴果状或浆果状，内含1枚至数枚种子。

158. 花下位，雌雄异株，稀可杂性；雄蕊多数；果实呈浆果状；无托叶 ·············· 大风子科 Flacourtiaceae
（柞木属 Xylosma）

158. 花周位，两性；雄蕊5～12枚；果实呈蒴果状；有托叶，但易脱落。

159. 花为腋生的簇丛或头状花序；萼片4～6片 ·············· 大风子科 Flacourtiaceae
（山羊角树属 Casearia）

159. 花为腋生的伞形花序；萼片10～14片 ····· 卫矛科 Celastraceae
（十齿花属 Dipentodon）

2. 花具花萼，也具花冠，或有两层以上的花被片，有时花冠可为蜜腺叶所代替。

160. 花冠常由离生的花瓣所组成。

161. 成熟雄蕊（或单体雄蕊的花药）多在10枚以上，通常多数，或其数超过花瓣的2倍。

162. 花萼和1枚或更多的雌蕊多少有些互相愈合，即子房下位或半下位。

163. 水生草本植物;子房多室 ……………………………………………… 睡莲科 Nymphaeaceae
163. 陆生植物;子房 1 室至数室,也可心皮为 1 枚至数枚,或在海桑科中为多室。
    164. 植物体具肥厚的肉质茎,多有刺,常无真正叶片
        ……………………………………………………………… 仙人掌科 Cactaceae
    164. 植物体为普通形态,不呈仙人掌状,有真正的叶片。
        165. 草本植物或稀可为亚灌木。
            166. 花单性。
                167. 雌雄同株;花鲜艳,多成腋生聚伞花序;子房 2~4 室
                …………………………………………………… 秋海棠科 Begoniaceae
                                            （秋海棠属 Begonia）
                167. 雌雄异株;花小而不显著,成腋生穗状或总状花序
                …………………………………………………… 四数木科 Datiscaceae
            166. 花常两性。
                168. 叶基生或茎生,呈心形,或在阿柏麻属 Apama 为长形,不为肉质;花为三出数 ……………………… 马兜铃科 Aristolochiaceae
                                            （细辛属 Asareae）
                168. 叶茎生,不呈心形,多少有些肉质,或为圆柱形;花不是三出数。
                    169. 花萼裂片常为 5 片,叶状;蒴果 5 室或更多室,在顶端呈放射状裂开 …………………………………… 番杏科 Aizoaceae
                    169. 花萼裂片 2 片;蒴果 1 室,盖裂
                      ………………………………………………… 马齿苋科 Portulacaceae
                                            （马齿苋属 Portulaca）
        165. 乔木或灌木(但在虎耳草科的银梅草属 Deinanthe 及草绣球属 Cardiandra 为亚灌木,黄山梅属 Kirengeshoma 为多年生高大草本),有时以气生小根而攀缘。
            170. 叶通常对生(虎耳草科的草绣球属 Cardiandra 例外),或在石榴科的石榴属 Punica 中有时可互生。
                171. 叶缘常有锯齿或全缘;花序(除山梅花属 Philadelpheae 外)常有不孕的边缘花
                  ………………………………………………… 虎耳草科 Saxifragaceae
                171. 叶全缘;花序无不孕花。
                    172. 叶为脱落性;花萼呈朱红色
                    ………………………………………………… 石榴科 Punicaceae
                                            （石榴属 Punica）
                  172. 叶为常绿性;花萼不呈朱红色。
                      173. 叶片中有腺点;胚珠常多数
                        ………………………………………………… 桃金娘科 Myrtaceae
                      173. 叶片中无腺点。
                          174. 胚珠在每子房室中为多数

................................................ 海桑科 Sonneratiaceae

    174. 胚珠在每子房室中仅 2 枚,稀可较多 ............ 红树科 Rhizophoraceae

170. 叶互生。

    175. 花瓣细长形兼长方形,最后向外翻转 ............ 八角枫科 Alangiaceae

                                                                                           (八角枫属 Alangium)

    175. 花瓣不成细长形,或纵为细长形时,也不向外翻转。

        176. 叶无托叶。

            177. 叶全缘;果实肉质或木质 ............ 玉蕊科 Lecythidaceae

                                                                      (玉蕊属 Barringtonia)

            177. 叶缘多少有些锯齿或齿裂;果实呈核果状,其形歪斜

                                                                        ............ 山矾科 Symplocaceae

                                                                           (山矾属 Symplocos)

        176. 叶有托叶。

            178. 花瓣呈旋转状排列;花药隔向上延伸;花萼裂片中 2 片或更多片在果实上变大而呈翅状 ............ 龙脑香科 Dipterocarpaceae

            178. 花瓣呈覆瓦状或旋转状排列(如蔷薇科的火棘属 pyracantha);花药隔并不向上延伸;花萼裂片也无上述变大情形。

                179. 子房 1 室,内具 2~6 个侧膜胎座,各有 1 枚至多枚胚珠;果实为革质蒴果,自顶端以 2~6 片裂开 ............

                                              ............ 大风子科 Flacourtiaceae

                                                                  (天料木属 Homalium)

                179. 子房 2~5 室,内具中轴胎座,或其心皮在腹面互相分离而具边缘胎座。

                    180. 花成伞房、圆锥、伞形或总状等花序,稀可单生;子房 2~5 室,或心皮 2~5 枚,下位,每室或每心皮有胚珠 1~2 枚,稀有时为 3~10 枚或为多枚;果实为肉质或木质假果;种子无翅 ............ 蔷薇科 Rosaceae

                                                                    (梨亚科 Pomoideae)

                    180. 花成头状或肉穗花序;子房 2 室,半下位,每室有胚珠 2~6 枚;果为木质蒴果;种子有或无

                                            ............ 金缕梅科 Hamamelidaceae

                                                        (马蹄荷亚科 Bucklandioideae)

162. 花萼和 1 枚或更多的雌蕊互相分离,即子房上位。

    181. 花为周位花。

        182. 萼片和花瓣相似,覆瓦状排列成数层,着生于坛状花托的外侧

                                            ............ 蜡梅科 Calycanthaceae

                                                  (洋蜡梅属 Calycanthus)

        182. 萼片和花瓣有分化,在萼筒或花托的边缘排列成 2 层。

            183. 叶对生或轮生,有时上部者可互生,但均为全缘单叶;花瓣常于蕾中呈

皱折状。
  184. 花瓣无爪,形小,或细长;浆果 ……………………… 海桑科 Sonneratiaceae
  184. 花瓣有细爪,边缘具腐蚀状的波纹或具流苏;蒴果
   ………………………………………………………… 千屈菜科 Lythraceae
 183. 叶互生,单叶或复叶;花瓣不呈皱折状。
  185. 花瓣宿存;雄蕊的下部连成一管 ………………………… 亚麻科 Linaceae
                 （黏木属 Ixonanthes）
  185. 花瓣脱落性;雄蕊互相分离。
   186. 草本植物,具二出数的花朵;萼片 2 片,早落性;花瓣 4 枚
    ……………………………………………………… 罂粟科 Papaveraceae
              （花菱草属 Eschscholzia）
   186. 木本或草本植物,具五出或四出数的花朵。
    187. 花瓣镊合状排列;果实为荚果;叶多为二回羽状复叶,有时叶片退
     化,而叶柄发育为叶状柄;心皮 1 枚 ………… 豆科 Leguminosae
              （含羞草亚科 Mimosoideae）
    187. 花瓣覆瓦状排列;果实为核果、蓇葖果或瘦果;叶为单叶或复叶;
     心皮 1 枚至多数 ……………………………… 蔷薇科 Rosaceae
181. 花为下位花,或至少在果实时花托扁平或隆起。
 188. 雌蕊少数至多数,互相分离或微有连合。
  189. 水生植物。
   190. 叶片呈盾状,全缘 ……………………………… 睡莲科 Nymphaeaceae
   190. 叶片不呈盾状,多少有些分裂或为复叶 ……… 毛茛科 Ranunculaceae
  189. 陆生植物。
   191. 茎为攀缘性。
    192. 草质藤本。
     193. 花显著,为两性花 ……………………… 毛茛科 Ranunculaceae
     193. 花小型,为单性,雌雄异株 ………… 防己科 Menispermaceae
    192. 木质藤本或为蔓生灌木。
     194. 叶对生,复叶由 3 片小叶组成,或顶端小叶形成卷须
      ……………………………………………… 毛茛科 Ranunculaceae
               （锡兰莲属 Naravelia）
     194. 叶互生,单叶。
      195. 花单性。
       196. 心皮多数,结果时聚生成一球状的肉质体或散布于
        极延长的花托上 …………… 木兰科 Magnoliaceae
             （五味子亚科 Schisandroideae）
       196. 心皮 3~6 枚,果为核果或核果状
        …………………………………… 防己科 Menispermaceae
      195. 花两性或杂性;心皮数枚,果为蓇葖果

................................................ 五桠果科 Dilleniaceae

（锡叶藤属 Tetracera）

191. 茎直立,不为攀缘性。
    197. 雄蕊的花丝连成单体 ................................ 锦葵科 Malvaceae
    197. 雄蕊的花丝互相分离。
        198. 草本植物,稀可为亚灌木;叶片多少有些分裂或为复叶。
            199. 叶无托叶;种子有胚乳 ................ 毛茛科 Ranunculaceae
            199. 叶多有托叶;种子无胚乳 ................ 蔷薇科 Rosaceae
        198. 木本植物;叶片全缘或边缘有锯齿,也稀有分裂者。
            200. 萼片及花瓣均为镊合状排列;胚乳具嚼痕
                ................................ 番荔枝科 Annonaceae
            200. 萼片及花瓣均为覆瓦状排列;胚乳无嚼痕。
                201. 萼片及花瓣相同,三出数,排列成 3 层或多层,均可脱落
                    ............................ 木兰科 Magnoliaceae
                201. 萼片及花瓣甚有分化,多为五出数,排列成 2 层,萼片宿存。
                    202. 心皮 3 枚至多数;花柱互相分离;胚珠为不定数
                        ............................ 五桠果科 Dilleniaceae
                    202. 心皮 3～10 枚;花柱完全合生;胚珠单生
                        ............................ 金莲木科 Ochnaceae

（金莲木属 Ochna）

188. 雌蕊 1 枚,但花柱或柱头为 1 个至多数。
  203. 叶片中具透明腺点。
    204. 叶互生,羽状复叶或退化为仅有 1 枚顶生小叶 ........ 芸香科 Rutaceae
    204. 叶对生,单叶 ........................................ 藤黄科 Guttiferae
  203. 叶片中无透明腺点。
    205. 子房单纯,具子房 1 室。
        206. 乔木或灌木;花瓣呈镊合状排列;果实为荚果 ...... 豆科 Leguminosae
        206. 草本植物;花瓣呈覆瓦状排列;果实不是荚果。
            207. 花为五出数;蓇葖果 ................ 毛茛科 Ranunculaceae
            207. 花为三出数;浆果 ................ 小檗科 Berberidaceae
    205. 子房为复合性。
        208. 子房 1 室,或在马齿苋科的土人参属 Talinum 中子房基部为 3 室。
            209. 特立中央胎座。
                210. 草本;叶互生或对生;子房的基部 3 室,有多数胚珠
                    ................................ 马齿苋科 Portulacaceae

（土人参属 Talinum）
                210. 灌木;叶对生;子房 1 室,内有成为 3 对的 6 个胚
                  ........................................ 红树科 Rhizophoraceae

(秋茄树属 Kandelia)

209. 侧膜胎座。

    211. 灌木或小乔木(在半日花科中常为亚灌木或草本植物),子房柄不存在或极短;果实为蒴果或浆果。

        212. 叶对生;萼片不相等,外面 2 片较小,或有时退化,内面 3 片呈旋转状排列 ·················· 半日花科 Cistaceae

(半日花属 Helianthemum)

        212. 叶常互生,萼片相等,呈覆瓦状或镊合状排列。

            213. 植物体内含有色泽的汁液;叶具掌状脉,全缘;萼片 5 片,互相分离,基部有腺体;种皮肉质,红色
··················· 红木科 Bixaceae

(红木属 Bixa)

            213. 植物体内不含有色泽的汁液;叶具羽状脉或掌状脉;叶缘有锯齿或全缘;萼片 3~8 片,离生或合生;种皮坚硬,干燥 ···
··················· 大风子科 Flacourtiaceae

    211. 草本植物,如为木本植物,则具有显著的子房柄;果实为浆果或核果。

        214. 植物体内含乳汁;萼片 2~3 片 ············ 罂粟科 Papaveraceae

        214. 植物体内不含乳汁;萼片 4~8 片。

            215. 叶为单叶或掌状复叶;花瓣完整;长角果
··················· 白花菜科 Capparidaceae

            215. 叶为单叶,或为羽状复叶或分裂;花瓣具缺刻或细裂;蒴果仅于顶端裂开 ············ 木犀草科 Resedaceae

208. 子房 2 室至多室,或为不完全的 2 室至多室。

  216. 草本植物,具多少有些呈花瓣状的萼片。

    217. 水生植物;花瓣为多数雄蕊或鳞片状的蜜腺叶所代替
··················· 睡莲科 Nymphaeaceae

(萍蓬草属 Nuphar)

    217. 陆生植物;花瓣不为蜜腺叶所代替。

        218. 一年生草本植物;叶呈羽状细裂;花两性
··················· 毛茛科 Ranunculaceae

(黑种草属 Nigella)

        218. 多年生草本植物;叶全缘而呈掌状分裂;雌雄同株
··················· 大戟科 Euphorbiaceae

(麻疯树属 Fatropha)

  216. 木本植物,或陆生草本植物,常不具呈花瓣状的萼片。

    219. 萼片于蕾内呈镊合状排列。

        220. 雄蕊互相分离或连成数束。

            221. 花药 1 室或数室;叶为掌状复叶或单叶,全缘,具羽状脉

　　　　　　　　　　　　　　　　　　　　　　　木棉科 Bombacaceae
　221. 花药2室；叶为单叶，叶缘有锯齿或全缘。
　　　222. 花药以顶端2孔裂开 ………………………………… 杜英科 Elaeocarpaceae
　　　222. 花药纵长裂开 …………………………………………… 椴树科 Tiliaceeae
　220. 雄蕊连为单体，至少内层者如此，并且多少有些连成管状。
　　　223. 花单性；萼片2片或3片 …………………………………… 大戟科 Euphorbiaceae
　　　　　　　　　　　　　　　　　　　　　　　　　　　　　　　　（油桐属 Aleurites）
　　　223. 花常两性；萼片多5片，稀可较少。
　　　　　224. 花药2室或更多室。
　　　　　　　225. 无副萼；多有不育雄蕊；花药2室；叶为单叶或掌状分裂
　　　　　　　　　…………………………………………………… 梧桐科 Sterculiaceae
　　　　　　　225. 有副萼；无不育雄蕊；花药数室；叶为单叶，全缘且具羽状脉
　　　　　　　　　…………………………………………………… 木棉科 Bombacaceae
　　　　　　　　　　　　　　　　　　　　　　　　　　　　　　　　　（榴莲属 Durio）
　　　　　224. 花药1室。
　　　　　　　226. 花粉粒表面平滑；叶为掌状复叶 ………………… 木棉科 Bombacaceae
　　　　　　　　　　　　　　　　　　　　　　　　　　　　　　（木棉属 Gossampinus）
　　　　　　　226. 花粉粒表面有刺；叶有各种情形 ………………… 锦葵科 Malvaceae
219. 萼片于蕾内呈覆瓦状或旋转状排列，或有时（如大戟科的巴豆属 Croton）近于呈镊合状排列。雌雄同株或稀可异株；果实为蒴果，由2～4个各自裂为2片的离果组成
　　　……………………………………………………………………… 大戟科 Euphorbiaceae
　227. 花常两性，或在猕猴桃科的猕猴桃属 Actinidia 中为杂性或雌雄异株；果实为其他情形。
　　　228. 萼片在果实时增大且成翅状；雄蕊具伸长的花药隔
　　　　　…………………………………………………………… 龙脑香科 Dipterocarpaceae
　　　228. 萼片及雄蕊二者不为上述情形。
　　　　　229. 雄蕊排列成二层，外层10枚和花瓣对生，内层5枚和萼片对生
　　　　　　　…………………………………………………………… 蒺藜科 Zygophyllaceae
　　　　　　　　　　　　　　　　　　　　　　　　　　　　　　　（骆驼蓬属 Peganum）
　　　　　229. 雄蕊的排列为其他情形。
　　　　　　　230. 食虫的草本植物；叶基生，呈管状，其上再具有小叶片
　　　　　　　　　…………………………………………………… 瓶子草科 Sarraceniaceae
　　　　　　　230. 不是食虫植物；叶茎生或基生，但不呈管状。
　　　　　　　　　231. 植物体呈耐寒耐旱状；叶为全缘单叶。
　　　　　　　　　　　232. 叶对生或上部者互生；萼片5片，互不相等，外面2片较小或有时退化，内面3片较大，成旋转状排列，宿存；花瓣早落 …………… 半日花科 Cistaceae
　　　　　　　　　　　232. 叶互生；萼片5片，大小相等；花瓣宿存；在内侧基部各有2个舌状物 ………………………………… 柽柳科 Tamaricaceae

(琵琶柴属 Reaumuria)

231. 植物体不是耐寒耐旱状;叶常互生;萼片2~5片,彼此相等;呈覆瓦状或稀可呈镊合状排列。
 233. 草本或木本植物;花为四出数,或其萼片多为2片且早落。
  234. 植物体内含乳汁;无或有极短子房柄;种子有丰富胚乳 ············· 罂粟科 Papaveraceae
  234. 植物体内不含乳汁;有细长的子房柄;种子无或有少量胚乳 ············· 白花菜科 Capparidaceae
 233. 木本植物;花常为五出数,萼片宿存或脱落。
  235. 果实为具5个棱角的蒴果,分成5个骨质各含1枚或2枚种子的心皮后,再各沿其缝线而二瓣裂开 ············· 蔷薇科 Rosaceae
(白鹃梅属 Exochorda)
  235. 果实不为蒴果。如为蒴果,则为室背裂开。
   236. 蔓生或攀缘的灌木;雄蕊互相分离;子房5室或更多室;浆果,常可食 ············· 猕猴桃科 Actinidiaceae
   236. 直立乔木或灌木;雄蕊至少在外层者连为单体,或连成3~5束而着生于花瓣的基部;子房3~5室。
    237. 花药能转动,以顶端孔裂开;浆果;胚乳颇丰富 ············· 猕猴桃科 Actindiaceae
(水冬哥属 Saurauia)
    237. 花药能或不能转动,常纵长裂开;果实有各种情形;胚乳通常量微小 ············· 山茶科 Theaceae

161. 成熟雄蕊10枚或较少。如多于10枚,则其数并不超过花瓣数目的2倍。
 238. 成熟雄蕊和花瓣同数,且和它对生。
  239. 雌蕊3枚至多数,离生。
   240. 直立草本或亚灌木;花两性,五出数 ············· 蔷薇科 Rosaceae
(地蔷薇属 Chamaerhodos)
   240. 木质或草质藤本,花单性,常为三出数。
    241. 叶常为单叶;花小型;核果;心皮3~6枚,呈星状排列,各含1枚胚珠 ············· 防己科 Menispermaceae
    241. 叶为掌状复叶或由3片小叶组成;花中型;浆果;心皮3枚至多数,轮状或螺旋状排列,各含1枚或多枚胚珠 ············· 木通科 Lardizabalaceae
  239. 雌蕊1枚。
   242. 子房2室至数室。
    243. 花萼裂齿不明显或微小;以卷须缠绕他物的灌木或草本植物 ············· 葡萄科 Vitaceae
    243. 花萼具4~5枚裂片;乔木、灌木或草本植物,有时虽也可为缠绕性,但无卷须。

244. 雄蕊连成单体。
    245. 叶为单叶;每子房室内含胚珠 2~6 枚(或在可可树亚族 Theobromineae 中为多数)……………………………………………………………… 梧桐科 Sterculiaceae
    245. 叶为掌状复叶;每子房室内含胚珠多枚 ……………… 木棉科 Bombacaceae
                                               (吉贝属 Ceiba)
244. 雄蕊互相分离,或稀可在其下部连成一管。
    246. 叶无托叶;萼片各不相等,呈覆瓦状排列;花瓣不相等,在内层的 2 片常很小…………………………………………………………………………… 清风藤科 Sabiaceae
    246. 叶常有托叶;萼片同大,呈镊合状排列;花瓣均大小同形。
        247. 叶为单叶 ………………………………………………… 鼠李科 Rhamnaceae
        247. 叶为 1~3 回羽状复叶 ………………………………………… 葡萄科 Vitaceae
                                                 (火筒树属 Leea)

242. 子房 1 室(在马齿苋科的土人参属 Talinum 及铁青树科的铁青树属 Olax 中则子房的下部多少有些成为 3 室)。
  248. 子房下位或半下位。
    249. 叶互生,边缘常有锯齿;蒴果 …………………… 大风子科 Flacourtiaceae
                                           (天料木属 Jdnwddm)
    249. 叶多对生或轮生,全缘;浆果或核果 ……… 桑寄生科 Loranthaceae
  248. 子房上位。
    250. 花药以舌瓣裂开 ……………………………………… 小檗科 Berberidaceae
    250. 花药不以舌瓣裂开。
        251. 缠绕草本;胚珠 1 枚;叶肥厚,肉质 …………… 落葵科 Basellaceae
                                                 (落葵属 Basella)
        251. 直立草本,或有时为木本;胚珠 1 枚至多数。
            252. 雄蕊连成单体;胚珠 2 枚 ……………………… 梧桐科 Sterculiaceae
                                                  (蛇婆子属 Walthenia)
            252. 雄蕊互相分离;胚珠 1 枚至多数。
                253. 花瓣 6~9 片;单雌蕊 ………………………… 小檗科 Berberidaceae
                253. 花瓣 4~8 片;复雌蕊。
                    254. 常为草本;花萼有 2 个分离萼片。
                      255. 花瓣 4 片;侧膜胎座 ………… 罂粟科 Papaveraceae
                                                       (角茴香属 Hypecoum)
                      255. 花瓣常 5 片;基底胎座 …… 马齿苋科 Portulacaceae
                254. 乔木或灌木,常蔓生;花萼呈倒圆锥形或杯状。
                    256. 通常雌雄同株;花萼裂片 4~5 片;花瓣呈覆瓦状排列;无不育雄蕊;胚珠有 2 层珠被
                        ………………………………………… 紫金牛科 Myrsinaceae
                                                (信筒子属 Embelia)
                    256. 花两性;花萼于开花时微小,而具不明显的齿裂;花瓣多为镊合状排列;有不育雄蕊(有时代以蜜腺);胚珠无珠被。花萼于果时增大;子房的下部为3室,上部为1室,内含3枚胚珠 …… 铁青树科 Olacaceae
(铁青树属 Olax)
257．花萼于结果时不增大;子房1室,内仅含1枚胚珠 ……… 山柚子科 Opiliaceae
238．成熟雄蕊和花瓣不同数。如同数,则雄蕊和它互生。
 258．雌雄异株;雄蕊8枚,不相同,其中5枚较长,有伸出花外的花丝,且和花瓣相互生,另3枚则较短而藏于花内;灌木或灌木状草本;互生或对生单叶;心皮单生;雌花无花被,无梗,贴生于宽圆形的叶状苞片上 ………… 漆树科 Anacardiaceae
(九子不离母属 Dobinea)
 258．花两性或单性。若为雌雄异株,则其雄花中也无上述情形的雄蕊。
  259．花萼或其筒部和子房多少有些相连合。
   260．每子房室内含胚珠或种子2枚至多数。
    261．花药以顶端孔裂开;草本或木本植物;叶对生或轮生,大多于叶片基部具3~9脉 …………………… 野牡丹科 Melastomaceae
    261．花药纵长裂开。
     262．草本或亚灌木;有时为攀缘性。
      263．具卷须的攀缘草本;花单性 …… 葫芦科 Cucurbitaceae
      263．无卷须的植物;花常两性。
       264．萼片或花萼裂片2片;植物体多少肉质而多水分
       …………………… 马齿苋科 Portulacaceae
(马齿苋属 Portulaca)
       264．萼片或花萼裂片4~5片;植物体常不为肉质。
        265．花萼裂片呈覆瓦状或镊合状排列;花柱2个或更多;种子具胚乳 …… 虎耳草科 Saxifragaceae
        265．花萼裂片呈镊合状排列;花柱1个,具2~4裂,或为一呈头状的柱头;种子无胚乳
        …………………… 柳叶菜科 Onagraceae
     262．乔木或灌木,有时为攀缘性。
      266．叶互生。
       267．花数朵至多数成头状花序;常绿乔木;叶革质,全缘或具浅裂 ………… 金缕梅科 Hamamelidaceae
       267．花成总状或圆锥花序。
        268．灌木;叶为掌状分裂,基部具3~5脉;子房1室,有多数胚珠;浆果
        …………………… 虎耳草科 Saxifragaceae
(茶藨子属 Ribes)
       268．乔木或灌木;叶缘有锯齿或细锯齿,有时全缘,具羽状脉;子房3~5室,每室内含2枚至数枚

胚珠,或在山茉莉属 Huodendron 中为多数;干燥或木质核果,或蒴果,有时具棱角或有翅 ·················· 野茉莉科 Styracaceae

266. 叶常对生(使君子科的榄李树属 Lumnitzera 例外,同科的风车子属 Cobretum 也可有时为互生,或互生和对生共存于一枝上)。

  269. 胚珠多数,除冠盖藤属 Pileostegia 自子房室顶端垂悬外,均位于侧膜或中轴胎座上;浆果或蒴果;叶缘有锯齿或为全缘,但均无托叶;种子含胚乳 ·················· 虎耳草科 Saxifragaceae

  269. 胚珠 2 枚至数枚,近于自房室顶端垂悬;叶全缘或有圆锯齿;果实多不裂开,内有种子 1 枚至数枚。

    270. 乔木或灌木,常为蔓生,无托叶,不为形成海岸林的组成分子(榄李树属 Lumnitzera 例外);种子无胚乳,落地后始萌芽 ·················· 使君子科 Combretaceae

    270. 常绿灌木或小乔木,具托叶;多为形成海岸林的主要组成分子;种子常有胚乳,在落地前即萌芽(胎生)·················· 红树科 Rhizophoraceae

260. 每子房室内仅含胚珠或种子 1 枚。

  271. 果实裂开为 2 枚干燥的离果,并共同悬于一果梗上;花序常为伞形花序(在变豆菜属 Sanicula 及鸭儿芹属 Cryptotaenia 中为不规则的花序,在刺芫荽属 Zryngium 中则为头状花序)·················· 伞形科 Umbelliferae

  271. 果实不裂开或裂开而不是上述情形;花序可为各种类型。

    272. 草本植物。

      273. 花柱或柱头 2~4 个;种子具胚乳;果实为小坚果或核果,具棱角或有翅 ·················· 小二仙草科 Haloragidaceae

      273. 花柱 1 个,具有 2 个头状或呈二裂的柱头;种子无胚乳。

        274. 陆生草本植物,具对生叶;花为二出数;果实为一具钩状刺毛的坚果 ·················· 柳叶菜科 Onagraceae

          (露珠草属 Circaea)

        274. 水生草本植物,有聚生而漂浮于水面的叶片;花为四出数;果实为具 2~4 枚刺的坚果(栽培种果实可无显著的刺)·················· 菱科 Trapaceae

          (菱属 Trapa)

    272. 木本植物。

      275. 果实干燥或为蒴果状。

        276. 子房 2 室;花柱 2 个 ·················· 金缕梅科 Hamamelidaceae

        276. 子房 1 室;花柱 1 个。

          277. 花序伞房状或圆锥状·················· 莲叶桐科 Hernandiaceae

          277. 花序头状 ·················· 珙桐科 Nyssaceae

            (旱莲木属 Camptotheca)

      275. 果实核果状或浆果状。

278. 叶互生或对生;花瓣呈镊合状排列;花序有各种类型,但稀为伞形或头状,有时且可生于叶片上。
  279. 花瓣 3~5 片,卵形至披针形;花药短 ………………… 山茱萸科 Cornaceae
  279. 花瓣 4~10 片,狭窄并向外翻转;花药细长 ………… 八角枫科 Alangiaceae
                                                                     (八角枫属 Alangium)
278. 叶互生;花瓣呈覆瓦状或镊合状排列;花序常为伞形或呈头状。
  280. 子房 1 室;花柱 1 个;花杂性兼雌雄异株,雌花单生或以少数朵至数朵聚生,雄花多数,腋生为有花梗的簇丛 ……………… 珙桐科 Nyssaceae
                                                                       (蓝果树属 Nyssa)
  280. 子房 2 室或更多室;花柱 2~5 个;如子房为 1 室而具 1 个花柱时(例如马蹄参属 Diplopanax),则花为两性,形成顶生类似穗状的花序 …… 五加科 Araliaceae
259. 花萼和子房相分离。
  281. 叶片中有透明腺点。
    282. 花整齐,稀可两侧对称;果实不为荚果 ………………… 芸香科 Rutaceae
    282. 花整齐或不整齐;果实为荚果 ………………………… 豆科 Leguminosae
  281. 叶片中无透明腺点。
    283. 雌蕊 2 枚或更多,互相分离或仅有局部的连合;也可子房分离而花柱连合成 1 个。
      284. 多水分的草本,具肉质的茎及叶 ……………………… 景天科 Crassulaceae
      284. 植物体为其他情形。
        285. 花为周位花。
          286. 花的各部分呈螺旋状排列,萼片逐渐变为花瓣;雄蕊 5 枚或 6 枚;雌蕊多数 ………………………………… 蜡梅科 Calycanthaceae
                                              (蜡梅属 Chimonanthus)
          286. 花的各部分呈轮状排列,萼片和花瓣甚有分化。
            287. 雌蕊 2~4 枚,各有多数胚珠;种子有胚乳;无托叶
                                      ………………………… 虎耳草科 Saxifragaceae
            287. 雌蕊 2 枚至多数,各有 1 枚至数枚胚珠;种子无胚乳;有或无托叶 ……………………………………… 蔷薇科 Rosaceae
        285. 花为下位花,或在悬铃木科中微呈周位。
          288. 草本或亚灌木。
            289. 各子房的花柱互相分离。
              290. 叶常互生或基生,多少有些分裂;花瓣脱落性,较萼片为大,或于天葵属 Semia-quilegia 稍小于呈花瓣状的萼片……………… 毛茛科 Ranunculaceae
              290. 叶对生或轮生,为全缘单叶;花瓣宿存性,较萼片小
                              ………………………… 马桑科 Coriariaceae
                                            (马桑属 Coriaria)
            289. 各子房合具 1 个共同的花柱或柱头;叶为羽状复叶;花为五出数;花萼宿存;花中有和花瓣互生的腺体;雄蕊

　　　　　　　　10 枚 ·················· 牻牛儿苗科 Gerniaceae
　　　　　　　　　　　　　　　　（熏倒牛属 Biebersteinia）
288. 乔木、灌木或木本的攀缘植物。
　　291. 叶为单叶。
　　　　292. 叶对生或轮生 ············· 马桑科 Coriariaceae
　　　　　　　　　　　　　　　　　（马桑属 Coriaria）
　　　　292. 叶互生。
　　　　　　293. 叶为脱落性,具掌状脉;叶柄基部扩张成帽状以覆盖腋芽
　　　　　　　　·················· 悬铃木科 Platanaceae
　　　　　　　　　　　　　　　　　（悬铃木属 Platanus）
　　　　　　293. 叶为常绿性或脱落性,具羽状脉。
　　　　　　　　294. 雌蕊 7 枚至多数(稀可少至 5 枚);直立或缠绕性灌木;花两
　　　　　　　　　　性或单性 ············ 木兰科 Magnoliaceae
　　　　　　　　294. 雌蕊 4~6 枚;乔木或灌木;花两性。
　　　　　　　　　　295. 子房 5 室或 6 室,以一共同的花柱而连合,各子房均可
　　　　　　　　　　　　成熟为核果 ········· 金莲木科 Ochnaceae
　　　　　　　　　　　　　　　　　　（赛金莲木属 Ouratia）
　　　　　　　　　　295. 子房 4~6 室,各具 1 个花柱,仅有一子房可成熟为核果
　　　　　　　　　　　　·············· 漆树科 Anacardiaceae
　　　　　　　　　　　　　　　　　　（山㮎仔属 Buchanania）
　　291. 叶为复叶。
　　　　296. 叶对生 ················ 省沽油科 Staphyleaceae
　　　　296. 叶互生。
　　　　　　297. 木质藤本;叶为掌状复叶或三出复叶 ····· 木通科 Lardizabalaceae
　　　　　　　　298. 果实为肉质蓇葖浆果,内含数枚种子,状似猫屎
　　　　　　　　　　·············· 木通科 Lardizabalaceae
　　　　　　　　　　　　　　　　　　（猫儿屎属 Decaisnea）
　　　　　　　　298. 果实为其他情形。
　　　　　　　　　　299. 果实为离果,或在臭椿属 Ailanthus 中为翅果
　　　　　　　　　　　　·············· 苦木科 Simaroubaceae
　　　　　　　　　　299. 果实为蓇葖果 ········ 牛栓藤科 Connaraceae
283. 雌蕊 1 枚,或至少其子房为 1 室。
　　300. 雌蕊或子房确是单纯的,仅 1 室。
　　　　301. 果实为核果或浆果。
　　　　　　302. 花为三出数,稀可二出数;花药以舌瓣裂开 ······ 樟科 Lauraceae
　　　　　　302. 花为五出或四出数;花药纵长裂开。
　　　　　　　　303. 落叶具刺灌木;雄蕊 10 枚,周位,均可发育 ······ 蔷薇科 Rosaceae
　　　　　　　　　　　　　　　　　　（扁核木属 Prinsepia）
　　　　　　　　303. 常绿乔木;雄蕊 1~5 枚,下位,常仅其中 1 枚或 2 枚可发育

........................................................ 漆树科 Anacardiaceae

（杧果属 Mangifera）

301. 果实为蓇葖果或荚果。

 304. 果实为蓇葖果。

  305. 落叶灌木;叶为单叶;蓇葖果内含 2 枚至数枚种子

.................................................................... 蔷薇科 Rosaceae

（绣线菊亚科 Spiraeoideae）

  305. 常为木质藤本;叶多为单数复叶或具 3 片小叶,有时因退化而只有 1 片小叶;蓇葖果内仅含 1 片种子 .................. 牛栓藤科 Connaraceae

 304. 果实为荚果 ........................................ 豆科 Leguminosae

300. 雌蕊或子房非单纯者,有 1 个以上的子房室或花柱、柱头、胎座等部分。

 306. 子房 1 室或因有假隔膜的发育而成 2 室,有时下部 2~5 室,上部 1 室。

  307. 花下位,花瓣 4 片,稀可更多。

   308. 萼片 2 片 ............................... 罂粟科 Papaveraceae

   308. 萼片 4~8 片。

    309. 子房柄常细长,呈线状 ............ 白花菜科 Capparidaceae

    309. 子房柄极短或不存在。

     310. 子房由 2 枚心皮连合组成,常具子房 2 室及 1 层假隔膜

.................................................................... 十字花科 Cruciferae

     310. 子房由 3~6 枚心皮连合组成,子房仅 1 室。

      311. 叶对生,微小,为耐寒耐旱性;花为辐射对称;花瓣完整,具瓣爪,其内侧有舌状的鳞片附属物

.................................................................... 瓣鳞花科 Frankeniaceae

（瓣鳞花属 Frankenia）

      311. 叶互生,显著,非为耐寒耐旱性;花为两侧对称;花瓣常分裂,但其内侧并无鳞片状的附属物 ..................

.................................................................... 木犀草科 Resedaceae

  307. 花周位或下位,花瓣 3~5 片,稀可为 2 片或更多。

   312. 每子房室内仅有胚珠 1 枚。

    313. 乔木,或稀为灌木;叶常为羽状复叶。

     314. 叶常为羽状复叶,具托叶及小托叶

.................................................................... 省沽油科 Staphyleaceae

（银鹊树属 Tapiscia）

     314. 叶为羽状复叶或单叶,无托叶及小托叶

.................................................................... 漆树科 Anacardiaceae

    313. 木本或草本;叶为单叶。

     315. 通常均为木本,在樟科的无根藤属 Cassytha 则稀为缠绕性寄生草本;叶常互生,无膜质托叶。

      316. 乔木或灌木;无托叶;花为三出或二出数;萼片和花瓣同

形,稀可花瓣较大;花药以舌瓣裂开;浆果或核果 ················· 樟科 Lauraceae
- 316. 蔓生性的灌木,茎为合轴型,具钩状的分枝;托叶小而早落;花为五出数,萼片和花瓣不同形,前者且于结实时增大成翅状;花药纵长裂开;坚果 ················· 钩枝藤科 Ancistrocladaceae（钩枝藤属 Ancistrocladus）
- 315. 草本或亚灌木;叶互生或对生,具膜质托叶鞘 ················· 蓼科 Polygonaceae

312. 每子房室内有胚珠 2 枚至多数
- 317. 乔木、灌木或木质藤本。
  - 318. 花瓣及雄蕊均着生于花萼上 ················· 千屈菜科 Lythraceae
  - 318. 花瓣及雄蕊均着生于花托上(或于西番莲科中雄蕊着生于子房柄上)。
    - 319. 核果或翅果,仅有 1 枚种子。
      - 320. 花萼具显著的 4 枚或 5 枚裂片或裂齿,微小而不能长大 ················· 茶茱萸科 Icacinaceae
      - 320. 花萼呈截平头或具不明显的萼齿,微小,但能在果实上增大 ················· 铁青树科 Olacaceae（铁青树属 Olax）
    - 319. 蒴果或浆果,内有 2 枚至多数种子。
      - 321. 花两侧对称。
        - 322. 叶为二至三回羽状复叶;雄蕊 5 枚 ······ 辣木科 Moringaceae（辣木属 Moringa）
        - 322. 叶为全缘的单叶;雄蕊 8 枚 ··········· 远志科 Polygalaceae
      - 321. 花辐射对称;叶为单叶或掌状分裂。
        - 323. 花瓣具有直立而常彼此衔接的瓣爪 ················· 海桐花科 Pittosporaceae（海桐花属 Pittosporum）
        - 323. 花瓣不具细长的瓣爪。
          - 324. 植物体为耐寒耐旱性,有鳞片状或细长形的叶片;花无小苞片 ················· 柽柳科 Tamaricaceae
          - 324. 植物体非为耐寒耐旱性,具有较宽大的叶片。
            - 325. 花两性。
              - 326. 花萼和花瓣不甚分化,且前者较大 ················· 大风子科 Flacourtiaceae（红子木属 Erythrospermum）
              - 326. 花萼和花瓣显著分化,前者很小 ················· 堇菜科 Violaceae（雷诺木属 Rinorea）
            - 325. 雌雄异株或花杂性。
              - 327. 乔木;花的每一花瓣基部各具位于内方的一鳞

　　　　　　片;无子房柄 ……… 大风子科 Flacourtiaceae
　　　　　　　　　　　　　　　　　（大风子属 Hydnocarpus）
　　327. 多为具卷须而攀缘的灌木;花常具一由 5 鳞片组成的副冠,各鳞片和萼片
　　　　相对生;有子房柄 …………………… 西番莲科 Passifloraceae
　　　　　　　　　　　　　　　　　　（蒴莲属 Adenia）
317. 草本或亚灌木。
　　328. 胎座位于子房室的中央或基底。
　　　　329. 花瓣着生于花萼的喉部 ……………… 千屈菜科 Lythraceae
　　　　329. 花瓣着生于花托上。
　　　　　　330. 萼片 2 片;叶互生,稀可对生 ……… 马齿苋科 Portulacaceae
　　　　　　330. 萼片 5 或 4 片;叶对生………… 石竹科 Caryophyllaceae
　　328. 胎座为侧膜胎座。
　　　　331. 食虫植物,具生有腺体刚毛的叶片 ………… 茅膏菜科 Droseraceae
　　　　331. 非为食虫植物,也无生有腺体毛茸的叶片。
　　　　　　332. 花两侧对称。
　　　　　　　　333. 花有一位于前方的距状物;蒴果 3 瓣裂开
　　　　　　　　　　………………………………… 堇菜科 Violaceae
　　　　　　　　333. 花有一位于后方的大型花盘;蒴果仅于顶端裂开
　　　　　　　　　　………………………………… 木犀草科 Resedaceae
　　　　　　332. 花整齐或近于整齐。
　　　　　　　　334. 植物体为耐寒耐旱性;花瓣内侧各有一舌状的鳞片
　　　　　　　　　　………………………………… 瓣鳞花科 Frankeniaceae
　　　　　　　　　　　　　　　　　　　　　（瓣鳞花属 Frankenia）
　　　　　　　　334. 植物体非为耐寒耐旱性;花瓣内侧无鳞片的舌状附属物。
　　　　　　　　　　335. 花中有副冠及子房柄 ………… 西番莲科 Passifloraceae
　　　　　　　　　　　　　　　　　　　　（西番莲属 Passiflora）
　　　　　　　　　　335. 花中无副冠及子房柄 ………… 虎耳草科 Saxifragaceae
306. 子房 2 室或更多室。
　　336. 花瓣形状彼此极不相等。
　　　　337. 每子房室内有数枚至多数胚珠。
　　　　　　338. 子房 2 室 …………………………… 虎耳草科 Saxifragaceae
　　　　　　338. 子房 5 室 …………………………… 凤仙花科 Balsaminaceae
　　　　337. 每子房室内仅有 1 枚胚珠。
　　　　　　339. 子房 3 室;雄蕊离生;叶盾状,叶缘具棱角或波纹
　　　　　　　　………………………………………… 旱金莲科 Tropaeolaceae
　　　　　　　　　　　　　　　　　　　　　（旱金莲属 Tropaeolum）
　　　　　　339. 子房 2 室(稀可 1 室或 3 室);雄蕊连合为一单体;叶不呈盾状,全缘
　　　　　　　　………………………………………… 远志科 Polygalaceae
　　336. 花瓣形状彼此相等或微有不等,且有时花也可为两侧对称。

340. 雄蕊数和花瓣数既不相等,也不是它的倍数。
  341. 叶对生
    342. 雄蕊4~10枚,常8枚。
      343. 蒴果 …………………………………… 七叶树科 Hippocastanaceae
      343. 翅果 …………………………………………… 槭树科 Aceraceae
    342. 雄蕊2枚或3枚,也稀可4枚或5枚。
      344. 萼片及花瓣均为五出数;雄蕊多为3枚 …… 翅子藤科 Hippocrateaceae
      344. 萼片及花瓣常均为四出数;雄蕊2枚,稀可3枚 …… 木犀科 Oleaceae
  341. 叶互生。
    345. 叶为单叶,多全缘,或在油桐属 Aleurites 中可具3~7枚裂片;花单性
      ……………………………………………………… 大戟科 Euphorbiaceae
    345. 叶为单叶或复叶;花两性或杂性。
      346. 萼片为镊合状排列;雄蕊连成单体 …………… 梧桐科 Sterculiaceae
      346. 萼片为覆瓦状排列;雄蕊离生。
        347. 子房4枚或5室,每子房室内有8~12枚胚珠;种子具翅
        ……………………………………………………… 楝科 Meliaceae
        （香椿属 Toona）
        347. 子房常3室,每子房室内有1枚至数枚胚珠;种子无翅。
          348. 花小型或中型,下位,萼片互相分离或微有连合
          …………………………………………… 无患子科 Sapindaceae
          348. 花大型,美丽,周位,萼片互相连合成一钟形的花萼
          ………………………………………… 钟萼木科 Bretschneideraceae
          （钟萼木属 Bretschneidera）
340. 雄蕊数和花瓣数相等,或是它的倍数。
  349. 每子房室内有胚珠或种子3枚至多数。
    350. 叶为复叶。
      351. 雄蕊连合成为单体 ………………………… 酢浆草科 Oxalidaceae
      351. 雄蕊彼此相互分离。
        352. 叶互生。
          353. 叶为二至三回的三出叶,或为掌状叶
          ………………………………………… 虎耳草科 Saxifragaceae
          （落新妇亚族 Astilbinae）
          353. 叶为一回羽状复叶……………………… 楝科 Meliaceae
          （香椿属 Toona）
        352. 叶对生。
          354. 叶为双数羽状复叶 …………… 蒺藜科 Zygophyllaceae
          354. 叶为单数羽状复叶 …………… 省沽油科 Staphyleaceae
    350. 叶为单叶。
      355. 草本或亚灌木。

356. 花周位;花托多少有些中空。
    357. 雄蕊着生于杯状花托的边缘 …………………………… 虎耳草科 Saxifragaceae
    357. 雄蕊着生于杯状或管状花萼(或即花托)的内侧 …… 千屈菜科 Lythraceae
356. 花下位;花托常扁平。
    358. 叶对生或轮生,常全缘。
        359. 水生或沼泽草本,有时(例如田繁缕属 Bergia)为亚灌木;有托叶
            …………………………………………………… 沟繁缕科 Elatinaceae
        359. 陆生草本;无托叶 ………………………………… 石竹科 Caryophyllaceae
    358. 叶互生或基生,稀可对生,边缘有锯齿,或叶退化为无绿色组织的鳞片。
        360. 草本或亚灌木;有托叶;萼片呈镊合状排列,脱落性
            ……………………………………………………… 椴树科 Tiliaceae
            (黄麻属 Corchorus,田麻属 Corchoropsis)
        360. 多年生常绿草本,或为死物寄生植物而无绿色组织;无托叶;萼片呈覆
           瓦状排列,宿存性 ……………………………………… 鹿蹄草科 Pyrolaceae
355. 木本植物。
    361. 花瓣常有彼此衔接或其边缘互相依附的柄状瓣爪
        ……………………………………………………… 海桐花科 Pittosporaceae
        (海桐花属 Pittosporum)
    361. 花瓣无瓣爪,或仅具互相分离的细长柄状瓣爪。
        362. 花托空凹;萼片呈镊合状或覆瓦状排列。
            363. 叶互生,边缘有锯齿,常绿性 ………………… 虎耳草科 Saxifragaceae
            (鼠刺属 Itea)
            363. 叶对生或互生,全缘,脱落性。
                364. 子房 2~6 室,仅具 1 枚花柱;胚珠多数,着生于中轴胎座上
                    ………………………………………………… 千屈菜科 Lythraceae
                364. 子房 2 室,具 2 枚花柱;胚珠数枚,垂悬于中轴胎座上
                    …………………………………………… 金缕梅科 Hamamelidaceae
                    (双花木属 Disanthus)
        362. 花托扁平或微凸起;萼片呈覆瓦状或于杜英科中呈镊合状排列。
            365. 花为四出数;果实呈浆果状或核果状;花药纵长裂开或顶端舌瓣裂开。
                366. 穗状花序腋生于当年新枝上;花瓣先端具齿裂
                  …………………………………………………… 杜英科 Elaeocarpaceae
                  (杜英属 Elaeocarpus)
                366. 穗状花序腋生于昔年老枝上;花瓣完整
                  …………………………………………………… 旌节花科 Stachyuraceae
                  (旌节花属 Stachyurus)
            365. 花为五出数;果实呈蒴果状;花药顶端孔裂。
                367. 花粉粒单纯;子房 3 室 ………………………… 山柳科 Clethraceae
                367. 花粉粒复合,成为四合体;子房 5 室 ………… 杜鹃花科 Ericaceae

349. 每子房室内有胚珠或种子 1 枚或 2 枚。
 368．草本植物,有时基部呈灌木状。
  369．花单性、杂性,或雌雄异株。
   370．具卷须的藤本;叶为二回三出复叶 ………… 无患子科 Sapindaceae
                    （倒地铃属 Cardiospermum）
   370．直立草本或亚灌木;叶为单叶 …………… 大戟科 Euphorbiaceae
  369．花两性。
   371．萼片呈镊合状排列;果实有刺 ……………… 椴树科 Tiliaceae
                     （刺蒴麻属 Triumfetta）
   371．萼片呈覆瓦状排列;果实无刺。
    372．雄蕊彼此分离;花柱互相连合 ………… 牻牛儿苗科 Geraniaceae
    372．雄蕊互相连合;花柱彼此分离 ………………… 亚麻科 Linaceae
 368．木本植物。
  373．叶肉质,通常仅为由 1 对小叶所组成的复叶 ……… 蒺藜科 Zygophyllaceae
  373．叶为其他情形。
   374．叶对生;果实由 1 枚、2 枚或 3 枚翅果组成。
    375．花瓣细裂或具齿裂;每果实有 3 枚翅果
     ……………………………………… 金虎尾科 Malpighiaceae
    375．花瓣全缘;每果实具 2 枚或连合为 1 枚的翅果
     ……………………………………………… 槭树科 Aceraceae
   374．叶互生。如为对生,则果实不为翅果。
    376．叶为复叶,或稀可为单叶而有具翅的果实。
     377．雄蕊连为单体。
      378．萼片及花瓣均为三出数;花药 6 枚,花丝生于雄蕊管的口部 ……………………………… 橄榄科 Burseraceae
      378．萼片及花瓣均为四出至六出数;花药 8~12 枚,无花丝,直接着生于雄蕊管的喉部或裂齿之间
       ………………………………………… 楝科 Meliaceae
     377．雄蕊各自分离。
      379．叶为单叶;果实为 1 枚具三翅而其内仅有 1 枚种子的小坚果 ………………………… 卫矛科 Celastraceae
                    （雷公藤属 Tripterygium）
      379．叶为复叶;果实无翅。
       380．花柱 3~5 个;叶常互生,脱落性
        ……………………………… 漆树科 Anacardiaceae
       380．花柱 1 个;叶互生或对生。
        381．叶为羽状复叶,互生,常绿性或脱落性;果实有各种类型 ……………… 无患子科 Sapindaceae
        381．叶为掌状复叶,对生,脱落性;果实为蒴果

.................. 七叶树科 Hippocastanaceae

376. 叶为单叶；果实无翅。
    382. 雄蕊连成单体，或如为 2 轮时，至少其内轮者如此，有时有花药无花丝（例如大戟科的三宝木属 Trigonastemon）。
        383. 花单性；萼片或花萼裂片 2~6 片，呈镊合状或覆瓦状排列
        .................. 大戟科 Euphorbiaceae
        383. 花两性；萼片 5 片，呈覆瓦状排列。
            384. 果实呈蒴果状；子房 3~5 室，各室均可成熟 ......... 亚麻科 Linaceae
            384. 果实呈核果状；子房 3 室，大多其中的 2 室为不孕性，仅另 1 室可成熟，而有 1 枚或 2 枚胚珠.......... 古柯科 Erythroxylaceae
                （古柯属 Erythroxylum）
    382. 雄蕊各自分离，有时在毒鼠子科中可和花瓣相连合而形成一管状物。
        385. 果呈蒴果状。
            386. 叶互生或稀可对生；花下位。
                387. 叶脱落性或常绿性；花单性或两性；子房 3 室，稀可 2 室或 4 室，有时可多至 15 室（例如算盘子属 Glochidion）
                .................. 大戟科 Euphorbiaceae
                387. 叶常绿性；花两性；子房 5 室 ......... 五列木科 Pentaphylacaceae
                    （五列木属 Pentaphylax）
            386. 叶对生或互生；花周位 .................. 卫矛科 Celastraceae
        385. 果呈核果状，有时木质化，或呈浆果状。
            388. 种子无胚乳，胚体肥大而多肉质。
                389. 雄蕊 10 枚 .................. 蒺藜科 Zygophyllaceae
                389. 雄蕊 4 枚或 5 枚。
                    390. 叶互生；花瓣 5 片，各二裂或成两部分
                    .................. 毒鼠子科 Dichapetalaceae
                      （毒鼠子属 Dichapetalum）
                    390. 叶对生；花瓣 4 片，均完整 ......... 刺茉莉科 Salvadoraceae
                        （刺茉莉属 Azima）
            388. 种子有胚乳，胚体有时很小。
                391. 植物体为耐寒耐旱性；花单性，三出或二出数
                    .................. 岩高兰科 Empetraceae
                    （岩高兰属 Empetrum）
                391. 植物体为普通形状；花两性或单性，五出或四出数。
                    392. 花瓣呈镊合状排列。
                      393. 雄蕊和花瓣同数 ......... 茶茱萸科 Icacinaceae
                      393. 雄蕊为花瓣的倍数。
                        394. 枝条无刺，而有对生的叶片
                        .................. 红树科 Rhizophoraceae

(红树族 Cynotrocheae)

394. 枝条有刺,而有互生的叶片 ………………………… 铁青树科 Olacaceae

(海檀木属 Ximenia)

392. 花瓣呈覆瓦状排列,或在大戟科的小盘木属 Microdesmis 中为扭转兼覆瓦状排列。

    395. 花单性,雌雄异株;花瓣较小于萼片 ………………… 大戟科 Euphorbiaceae

(小盘木属 Microdesmis)

    395. 花两性或单性;花瓣常较大于萼片。

        396. 落叶攀缘灌木;雄蕊 10 枚;子房 5 室,每室内有胚珠 2 枚

        ………………………………………………… 猕猴桃科 Actinidiaceae

(藤山柳属 Clematoclethra)

        396. 多为常绿乔木或灌木;雄蕊 4 枚或 5 枚。

            397. 花下位,雌雄异株或杂性;无花盘 ………… 冬青科 Aquifoliaceae

(冬青属 Ilex)

            397. 花周位,两性或杂性;有花盘 ………………… 卫矛科 Celastraceae

(异卫矛亚科 Cassinioideae)

160. 花冠由多少有些连合的花瓣组成。

  398. 成熟雄蕊或单体雄蕊的花药数多于花冠裂片。

    399. 心皮 1 枚至数枚,互相分离或大致分离。

      400. 叶为单叶或有时可为羽状分裂,对生,肉质 …… 景天科 Crassulaceae

      400. 叶为二回羽状复叶,互生,不呈肉质 ……………… 豆科 Leguminosae

(含羞草亚科 Mimosoideae)

    399. 心皮 2 枚或更多,连合成一复合性子房。

      401. 雌雄同株或异株,有时为杂性。

        402. 子房 1 室;五分枝而呈棕榈状的小乔木 …… 番木瓜科 Caricaceae

(番木瓜属 Carica)

        402. 子房 2 室至多室;具分枝的乔木或灌木。

          403. 雄蕊连成单体,或至少内层者如此;蒴果

          ………………………………………………… 大戟科 Euphorbiaceae

(麻疯树科 Fatropha)

          403. 雄蕊各自分离;浆果 ………………………… 柿树科 Ebenaceae

      401. 花两性。

        404. 花瓣连成一盖状物,或花萼裂片及花瓣均可合成为 1 层或 2 层的盖状物。

          405. 叶为单叶,具有透明腺点 ………………… 桃金娘科 Myrtaceae

          405. 叶为掌状复叶,无透明腺点 ……………… 五加科 Araliaceae

(多蕊木属 Tupidanthus)

        404. 花瓣及花萼裂片均不连成盖状物。

          406. 每子房室中有 3 枚至多数胚珠。

407. 雄蕊 5~10 枚或其数不超过花冠裂片的 2 倍,稀可在野茉莉科的银钟花属 Halesia 其数可达 16 枚,而为花冠裂片的 4 倍。
  408. 雄蕊连成单体或其花丝于基部互相连合;花药纵裂;花粉粒单生。
    409. 叶为复叶;子房上位;花柱 5 个 …………… 酢浆草科 Oxalidaceae
    409. 叶为单叶;子房下位或半下位;花柱 1 个;乔木或灌木,常有星状毛 …………………………………………………………… 野茉莉科 Styracaceae
  408. 雄蕊各自分离;花药顶端孔裂;花粉粒为四合型 … 杜鹃花科 Ericaceae
407. 雄蕊为不定数。
  410. 萼片和花瓣常各为多数,而无显著的区分;子房下位;植物体肉质,绿色,常具棘针,而其叶退化 ………………………………… 仙人掌科 Cactaceae
  410. 萼片和花瓣常各为 5 片,而有显著的区分;子房上位。
    411. 萼片呈镊合状排列;雄蕊连成单体 ………… 锦葵科 Malvaceae
    411. 萼片呈显著的覆瓦状排列。
      412. 雄蕊连成 5 束,且每束着生于 1 枚花瓣的基部;花药顶端孔裂开;浆果 ……………………………… 猕猴桃科 Actinidiaceae
      (水冬哥属 Saurauia)
      412. 雄蕊的基部连成单体;花药纵长裂开;蒴果 …………………………………………………………… 山茶科 Theaceae
      (紫茎木属 Stewartia)
406. 每子房室中常仅有 1 枚或 2 枚胚珠。
  413. 花萼中的 2 片或更多片于结实时能长大成翅状 …………………………………………………………… 龙脑香科 Dipterocarpaceae
  413. 花萼裂片无上述变大的情形。
    414. 植物体常有星状毛茸 ………………………… 野茉莉科 Styracaceae
    414. 植物体无星状毛茸。
      415. 子房下位或半下位;果实歪斜 ……… 山矾科 Symplocaceae
      (山矾属 Symplocos)
      415. 子房上位。
        416. 雄蕊相互连合为单体;果实成熟时分裂为离果 …………………………………………………………… 锦葵科 Malvaceae
        416. 雄蕊各自分离;果实不是离果。
          417. 子房 1 室或 2 室;蒴果 ……… 瑞香科 Thymelaeaceae
          (沉香属 Aquilaria)
          417. 子房 6~8 室;浆果 ……… 山榄科 Sapotaceae
          (紫荆木属 Madhuca)
398. 成熟雄蕊并不多于花冠裂片,或有时因花丝的分裂则可过之。
  418. 雄蕊和花冠裂片为同数且对生。
    419. 植物体内有乳汁 ………………………………… 山榄科 Sapotaceae
    419. 植物体内不含乳汁。

420. 果实内有数枚至多数种子。
　　421. 乔木或灌木;果实呈浆果状或核果状 ………………………… 紫金牛科 Myrsinaceae
　　421. 草本;果实呈蒴果状 ………………………………………… 报春花科 Primulaceae
420. 果实内仅有 1 枚种子。
　　422. 子房下位或半下位。
　　　　423. 乔木或攀缘性灌木;叶互生 ……………………………… 铁青树科 Olacaceae
　　　　423. 常为半寄生性灌木;叶对生 …………………………… 桑寄生科 Loranthaceae
　　422. 子房上位。
　　　　424. 花两性。
　　　　　　425. 攀缘性草本;萼片 2 片;果为肉质宿存花萼所包围
　　　　　　　　………………………………………………………… 落葵科 Basellaceae
　　　　　　　　　　　　　　　　　　　　　　　　　　　　　　　　（落葵属 Basella）
　　　　　　425. 直立草本或亚灌木,有时为攀缘性;萼片或萼裂片 5;果为蒴果或
　　　　　　　　瘦果,不为花萼所包围 ………………………… 蓝雪科 Plumbaginaceae
　　　　424. 花单性,雌雄异株;攀缘性灌木。
　　　　　　426. 雄蕊连合成单体;雌蕊单纯性 ………………… 防己科 Menispermaceae
　　　　　　　　　　　　　　　　　　　　　　　　　　　　　（锡生藤亚族 Cissampelinae）
　　　　　　426. 雄蕊各自分离;雌蕊复合性 ……………………… 茶茱萸科 Icacinaceae
　　　　　　　　　　　　　　　　　　　　　　　　　　　　　　　（微花藤属 Iodes）
418. 雄蕊和花冠裂片为同数且互生,或雄蕊数较花冠裂片为少。
　　427. 子房下位。
　　　　428. 植物体常以卷须而攀缘或蔓生;胚珠及种子皆为水平生长于侧膜胎座上
　　　　　　……………………………………………………………… 葫芦科 Cucurbitaceae
　　　　428. 植物体直立;如为攀缘时,也无卷须;胚珠及种子并不为水平生长。
　　　　　　429. 雄蕊互相连合。
　　　　　　　　430. 花整齐或两侧对称,成头状花序,或在苍耳属 Xanthium 中,雌花
　　　　　　　　　　序为一仅含 2 朵花的果壳,其外生有钩状刺毛;子房 1 室,内仅有
　　　　　　　　　　1 枚胚珠 ……………………………………………… 菊科 Compositae
　　　　　　　　430. 花多两侧对称,单生或成总状或伞房花序;子房 2 室或 3 室,内有
　　　　　　　　　　多数胚珠。
　　　　　　　　　　431. 花冠裂片呈镊合状排列;雄蕊 5 枚,具分离的花丝及连合的
　　　　　　　　　　　　花药 ………………………………………… 桔梗科 Campanulaceae
　　　　　　　　　　　　　　　　　　　　　　　　　　　　　　　（半边莲亚科 Lobelioideae）
　　　　　　　　　　431. 花冠裂片呈覆瓦状排列;雄蕊 2 枚,具连合的花丝及分离的
　　　　　　　　　　　　花药 ……………………………………………… 花柱草科 Stylidiaceae
　　　　　　　　　　　　　　　　　　　　　　　　　　　　　　　　（花柱草属 Stylidium）
　　　　　　429. 雄蕊各自分离。
　　　　　　　　432. 雄蕊和花冠相分离或近于分离。
　　　　　　　　　　433. 花药顶端孔裂开;花粉粒连合成四合体;灌木或亚灌木

............................................ 杜鹃花科 Ericaceae
（乌饭树亚科 Vaccinioideae）
433. 花药纵长裂开,花粉粒单纯;多为草本。
434. 花冠整齐;子房 2~5 室,内有多数胚珠 ......... 桔梗科 Campanulaceae
434. 花冠不整齐;子房 1~2 室,每子房室内仅有 1 枚或 2 枚胚珠
............................................ 草海桐科 Goodeniaceae
432. 雄蕊着生于花冠上。
435. 雄蕊 4 枚或 5 枚,和花冠裂片同数。
436. 叶互生;每子房室内有多数胚珠 ......... 桔梗科 Campanulaceae
436. 叶对生或轮生;每子房室内有 1 枚至多数胚珠。
437. 叶轮生;如为对生,则有托叶存在 ......... 茜草科 Rubiaceae
437. 叶对生,无托叶或稀可有明显的托叶。
438. 花序多为聚伞花序 ......... 忍冬科 Caprifoliaceae
438. 花序为头状花序 ......... 川续断科 Dipsacaceae
435. 雄蕊 1~4 枚,其数较花冠裂片为少。
439. 子房 1 室。
440. 胚珠多数,生于侧膜胎座上 ......... 苦苣苔科 Gesneriaceae
440. 胚珠 1 枚,垂悬于子房的顶端 ......... 川续断科 Dipsacaceae
439. 子房 2 室或更多室,具中轴胎座。
441. 子房 2~4 室,所有的子房室均可成熟;水生草本
............................................ 胡麻科 Pedaliaceae
（茶菱属 Trapella）
441. 子房 3 室或 4 室,仅其中 1 室或 2 室可成熟。
442. 落叶或常绿的灌木;叶片常全缘或边缘有锯齿
............................................ 忍冬科 Caprifoliaceae
442. 陆生草本;叶片常有很多的分裂
............................................ 败酱科 Valerianaceae
427. 子房上位。
443. 子房深裂为 2~4 个部分;花柱或数花柱均自子房裂片之间伸出。
444. 花冠两侧对称或稀可整齐;叶对生 ......... 唇形科 Labiatae
444. 花冠整齐;叶互生。
445. 花柱 2 个;多年生匍匐性小草本;叶片呈圆形或肾形
............................................ 旋花科 Convolvulaceae
（马蹄金属 Dichondra）
445. 花柱 1 个 ......... 紫草科 Boraginaceae
443. 子房完整或微有分割,或由 2 枚分离的心皮组成;花柱自子房的顶端伸出。
446. 雄蕊的花丝分裂。
447. 雄蕊 2 枚,各分为 3 裂 ......... 罂粟科 Papaveraceae
（紫堇亚科 Fumarioideae）

447. 雄蕊 5 枚,各分为 2 裂 ……………………………………… 五福花科 Adoxaceae
（五福花属 Adoxa）
446. 雄蕊的花丝单纯。
448. 花冠不整齐,常多少有些呈二唇状。
449. 成熟雄蕊 5 枚。
450. 雄蕊和花冠离生 ……………………………………… 杜鹃花科 Ericaceae
450. 雄蕊着生于花冠上 ……………………………………… 紫草科 Boraginaceae
449. 成熟雄蕊 2 枚或 4 枚,退化雄蕊有时也可存在。
451. 每子房室内仅含 1 枚或 2 枚胚珠(如为后一情形,也可在次 451 项检索之)。
452. 叶对生或轮生;雄蕊 4 个,稀可 2 个;胚珠直立,稀可垂悬。
453. 子房 2～4 室,共有 2 枚或更多的胚珠
…………………………… 马鞭草科 Verbenaceae
453. 子房 1 室,仅含 1 枚胚珠 ……………… 透骨草科 Phrymaceae
（透骨草属 Phryma）
452. 叶互生或基生;雄蕊 2 枚或 4 枚,胚珠垂悬;子房 2 室,每子房室内仅有 1 枚胚珠 ……………………………… 玄参科 Scrophulariaceae
451. 每子房室内有 2 枚至多数胚珠。
454. 子房 1 室具侧膜胎座或中央胎座(有时可因侧膜胎座的深入而为 2 室)。
455. 草本或木本植物,不为寄生性,也非食虫性。
456. 多为乔木或木质藤本;叶为单叶或复叶,对生或轮生,稀可互生,种子有翅,但无胚乳 …… 紫葳科 Bignoniaceae
456. 多为草本;叶为单叶,基生或对生;种子无翅,有或无胚乳 ……………………………………… 苦苣苔科 Gesneriaceae
455. 草本植物,为寄生性或食虫性。
457. 植物体寄生于其他植物的根部,而无绿叶存在;雄蕊 4 个;侧膜胎座 ……………… 列当科 Orobanchaceae
457. 植物体为食虫性,有绿叶存在;雄蕊 2 枚;特立中央胎座;多为水生或沼泽植物,且有具距的花冠
…………………………… 狸藻科 Lentibulariaceae
454. 子房 2～4 室,具中轴胎座,或于角胡麻科中为子房 1 室而具侧膜胎座。
458. 植物体常具分泌黏液的腺体毛茸;种子无胚乳或具一薄层胚乳。
459. 子房最后成为 4 室;蒴果的果皮质薄而不延伸为长喙;油料植物 ……………………………… 胡麻科 Pedaliaceae
（胡麻属 Sesamum）

459. 子房 1 室;蒴果的内皮坚硬而呈木质,延伸为钩状长喙;栽培花卉 ·················································· 角胡麻科 Martyniaceae
（角胡麻属 Pooboscidea）
458. 植物体不具上述的毛茸;子房 2 室。
　　460. 叶对生;种子无胚乳,位于胎座的钩状突起上 ········· 爵床科 Acanthaceae
　　460. 叶互生或对生;种子有胚乳,位于中轴胎座上。
　　　　461. 花冠裂片具深缺刻;成熟雄蕊 2 枚 ·················· 茄科 Solanaceae
（蝴蝶花属 Schizanthus）
　　　　461. 花冠裂片全缘或仅其先端具一凹陷;成熟雄蕊 2 枚或 4 枚 ·················································· 玄参科 Scrophulariaceae
448. 花冠整齐;或近于整齐。
　　462. 雄蕊数较花冠裂片为少。
　　　　463. 子房 2~4 室,每室内仅含 1 枚或 2 枚胚珠。
　　　　　　464. 雄蕊 2 枚 ························································ 木犀科 Oleaceae
　　　　　　464. 雄蕊 4 枚。
　　　　　　　　465. 叶互生,有透明腺点存在 ············· 苦槛蓝科 Myoporaceae
　　　　　　　　465. 叶对生,无透明腺点 ··················· 马鞭草科 Verbenaceae
　　　　463. 子房 1 室或 2 室,每室内有数枚至多数胚珠。
　　　　　　466. 雄蕊 2 枚;每子房室内有 4~10 枚胚珠垂悬于室的顶端 ·················································· 木犀科 Oleaceae
（连翘属 Forsythia）
　　　　　　466. 雄蕊 4 枚或 2 枚;每子房室内有多数胚珠着生于中轴或侧膜胎座上。子房 1 室,内具分歧的侧膜胎座,或因胎座深入而使子房成 2 室 ·················································· 苦苣苔科 Gesneriaceae
　　　　　　467. 子房为完全的 2 室,内具中轴胎座。
　　　　　　　　468. 花冠于蕾中常折叠;子房 2 枚心皮的位置偏斜 ·················································· 茄科 Solanaceae
　　　　　　　　468. 花冠于蕾中不折叠,而呈覆瓦状排列;子房的 2 枚心皮位于前后方 ············· 玄参科 Scrophulariaceae
　　462. 雄蕊和花冠裂片同数。
　　　　469. 子房 2 室,或为 1 室而成熟后呈双角状。
　　　　　　470. 雄蕊各自分离;花粉粒也彼此分离 ············· 夹竹桃科 Apocynaceae
　　　　　　470. 雄蕊互相连合;花粉粒连成花粉块 ············· 萝藦科 Asclepiadaceae
　　　　469. 子房 1 室,不呈双角状。
　　　　　　471. 子房 1 室或因 2 个侧膜胎座的深入而成 2 室。
　　　　　　　　472. 子房为 1 枚心皮组成。
　　　　　　　　　　473. 花显著,呈漏斗形而簇生;果实为 1 枚瘦果,有棱或有翅。
　　　　　　　　　　473. 花小型而形成球形的头状花序;果实为 1 枚荚果,成熟后则裂为仅含 1 枚种子的节荚 ·············· 豆科 Leguminosae

(含羞草属 Mimosa)
472. 子房由 2 枚以上连合心皮组成。
　　474. 乔木或攀缘性灌木,稀可为一攀缘性草本,而体内具有乳汁(例如心翼果属 Cardiopteris);果实呈核果状(但心翼果属则为干燥的翅果),内有 1 枚种子 ……………………………………………………………… 茶茱萸科 Icacinaceae
　　474. 草本或亚灌木,或于旋花科的麻辣仔藤属 Erycibe 中为攀缘灌木;果实呈蒴果状(或于麻辣仔藤属中呈浆果状),内有 2 枚或更多的种子。
　　　　475. 花冠裂片呈覆瓦状排列。
　　　　　　476. 叶茎生,羽状分裂或为羽状复叶(限于我国植物如此) ……………………………………………………………… 田基麻科 Hydrophy1laceae
(水叶族 Hydrophylleae)
　　　　　　476. 叶基生,单叶,边缘具齿裂 ………… 苦苣苔科 Gesneriaceae
(苦苣苔属 Conandron,黔苣苔属 Tengia)
　　　　475. 花冠裂片常呈旋转状或内折的镊合状排列。
　　　　　　477. 攀缘性灌木;果实呈浆果状,内有少数种子 ……………………………………………………………… 旋花科 Convolvulaceae
(麻辣仔藤属 Erycibe)
　　　　　　477. 直立陆生或漂浮于水面的草本;果实呈蒴果状,内有少数至多数种子 …………………………………… 龙胆科 Gentianaceae
471. 子房 2~10 室。
　　478. 无绿叶而为缠绕性的寄生植物 ……………… 旋花科 Convolvulaceae
(菟丝子亚科 Cuscutoideae)
　　478. 不是上述的无叶寄生植物。
　　　　479. 叶常对生,且多在两叶之间具有托叶所成的连接线或附属物 ……………………………………………………………… 马钱科 Loganiaceae
　　　　479. 叶常互生,或有时基生;如为对生,其两叶之间也无托叶所成的联系物;有时其叶也可轮生。
　　　　　　480. 雄蕊和花冠离生或近于离生。
　　　　　　　　481. 灌木或亚灌木;花药顶端孔裂;花粉粒为四合体;子房常 5 室 ……………………………………………………………… 杜鹃花科 Ericaceae
　　　　　　　　481. 一年生或多年生草本,常为缠绕性;花药纵长裂开;花粉粒单纯;子房常 3~5 室 ………… 桔梗科 Campanulaceae
　　　　　　480. 雄蕊着生于花冠的筒部。
　　　　　　　　482. 雄蕊 4 枚,稀可在冬青科为 5 枚或更多。
　　　　　　　　　　483. 无主茎的草本,具由少数至多数花朵组成的穗状花序生于一基生花葶上 ……………… 车前科 Plantaginaceae
(车前属 Plantago)
　　　　　　　　　　483. 乔木、灌木,或具有主茎的草本。
　　　　　　　　　　　　484. 叶互生,多常绿 ………… 冬青科 Aquifoliaceae

(冬青属 Ilex)

484. 叶对生或轮生。
  485. 子房 2 室,每室内有多数胚珠 …………………… 玄参科 Scrophulariaceae
  485. 子房 2 室至多室,每室内有 1 枚或 2 枚胚珠 ……… 马鞭草科 Verbenaceae
482. 雄蕊常 5 枚,稀可更多。
  486. 每子房室内仅有 1 枚或 2 枚胚珠。
    487. 子房 2 室或 3 室;胚珠自子房室近顶端垂悬;木本植物;叶全缘。
      488. 每花瓣二裂或二分;花柱 1 个;子房无柄,2 室或 3 室,每室内各有 2 枚胚珠;核果;有托叶 ………………… 毒鼠子科 Dichapetalaceae
(毒鼠子属 Dichapetalum)
      488. 每花瓣均完整;花柱 2 个;子房具柄,2 室,每室内仅有 1 枚胚珠;翅果;无托叶 ………………………………… 茶茱萸科 Icacinaceae
    487. 子房 1~4 室;胚珠在子房室基底或中轴的基部直立或上举;无托叶;花柱 1 个,稀可 2 个,有时在紫草科的破布木属 Cordia 中其先端可成两次的二分。
      489. 果实为核果;花冠有明显的裂片,并在蕾中呈覆瓦状或旋转状排列;叶全缘或有锯齿;通常均为直立木本或草本,多粗壮或具刺毛 ………………………………………… 紫草科 Boraginaceae
      489. 果实为蒴果;花瓣完整或具裂片;叶全缘或具裂片,但无锯齿缘。
        490. 通常为缠绕性,稀可为直立草本,或为半木质的攀缘植物至大型木质藤本(例如盾苞藤属 Neuropeltis);萼片多互相分离;花冠常完整而几无裂片,于蕾中呈旋转状排列,也可有时深裂而其裂片呈内折的镊合状排列(例如盾苞藤属) ……… 旋花科 Convolvulaceae
        490. 通常均为直立草本;萼片连合成钟形或筒状;花冠有明显的裂片,唯于蕾中也呈旋转状排列 ………………… 花葱科 Polemoniaceae
  486. 每子房室内有多数胚珠,或在花葱科中有时为 1 枚至数枚;多无托叶。
    491. 高山区生长的耐寒耐旱性低矮多年生草本或丛生亚灌木;叶多小型,常绿,紧密排列成覆瓦状或莲座式;花无花盘;花单生至聚集成几乎为头状花序;花冠裂片呈覆瓦状排列;子房 3 室;花柱 1 个;柱头 3 裂;蒴果室背开裂 ………………………………………………… 岩梅科 Diapensiaceae
    491. 草本或木本,不为耐寒耐旱性;叶常为大型或中型,脱落性,疏松排列而各自展开;花多有位于子房下方的花盘。
      492. 花冠不于蕾中折叠,其裂片呈旋转状排列,或在田基麻科中为瓦状排列。
        493. 叶为单叶,或在花葱属 Polemonium 中为羽状分裂,或为羽状复叶;子房 3 室(稀可 2 室);花柱 1 个;柱头 3 裂;蒴果多室背开裂 ………………………………………………… 花葱科 Polemoniaceae
        493. 叶为单叶,且在田基麻属 Hydrolea 中为全缘;子房 2 室;花柱 2 个;柱头呈头状;蒴果室间开裂 ……… 田基麻科 Hydrophyllaceae
(田基麻族 Hydroleeae)

492. 花冠裂片呈镊合状或覆瓦状排列,或其花冠于蕾中折叠且呈旋转状排列;花萼常宿存;子房2室;或在茄科中为假3室至假5室;花柱1个;柱头完整或2裂。
  494. 花冠多于蕾中折叠,其裂片呈覆瓦状排列;或在曼陀罗属 Datura 中呈旋转状排列,稀可在枸杞属 Lycium 和颠茄属 Atropa 等属并不于蕾中折叠,而呈覆瓦状排列,雄蕊的花丝无毛;浆果,或为纵裂或横裂的蒴果
                                                       茄科 Solanaceae
  494. 花冠不于蕾中折叠,其裂片呈覆瓦状排列;雄蕊的花丝具毛茸(尤以后方的3个如此)。
    495. 室间开裂的蒴果 …………………………… 玄参科 Scrophulariaceae
                                                       (毛蕊花属 Verbascum)
    495. 浆果,有刺灌木 ………………………………… 茄科 Solanaceae
                                                       (枸杞属 Lycium)
1. 子叶1片;茎无中央髓部,也无呈年轮状的生长;叶多具平行叶脉;花为三出数,有时为四出数,但极少为五出数 ……………… 单子叶植物纲 Monocotyledoneae
  496. 木本植物,或其叶于芽中呈折叠状。
    497. 灌木或乔木;叶细长或呈剑状,在芽中不呈折叠状
                                                露兜树科 Pandanaceae
    497. 木本或草本;叶甚宽,常为羽状或扇形的分裂,在芽中呈折叠状而有强韧的平行脉或射出脉。
      498. 植物体多甚高大,呈棕榈状,具简单或分枝少的主干;花为圆锥或穗状花序,托以佛焰状苞片 ………………………… 棕榈科 Palmae
      498. 植物体常为无主茎的多年生草本,具常深裂为2片的叶片;花为紧密的穗状花序 ………………………………… 环花科 Cyclanthaceae
                                             (巴拿马草属 Carludovica)
  496. 草本植物或稀可为木质茎,但其叶于芽中从不呈折叠状。
    499. 无花被或在眼子菜科中很小。
      500. 花包藏于或附托于呈覆瓦状排列的壳状鳞片(特称为颖)中,由多朵花至1朵花形成小穗(自形态学观点而言,此小穗实即简单的穗状花序)。
        501. 秆多少有些呈三棱形,实心;茎生叶呈三行排列;叶鞘封闭;花药以基底附着花丝;果实为瘦果或囊果 ……… 莎草科 Cyperaceae
        501. 秆常呈圆筒形;中空;茎生叶呈二行排列;叶鞘常在一侧纵裂开,花药以其中部附着花丝;果实通常为颖果 …… 禾本科 Gramineae
      500. 花虽有时排列为具总苞的头状花序,但并不包藏于呈壳状的鳞片中。
        502. 植物体微小,无真正的叶片,仅具无茎而漂浮于水面或沉没于水中的叶状体 ………………………………………… 浮萍科 Lemnaceae
        502. 植物体常具茎,也具叶,其叶有时可呈鳞片状。
          503. 水生植物,具沉没于水中或漂浮于水面的片叶。
            504. 花单性,不排列成穗状花序。

505. 叶互生；花排列成球形的头状花序
　　　　　　　　　　　　　　　　　　　　黑三棱科 Sparganiaceae
　　　　　　　　　　　　　　　　　　　　（黑三棱属 Sparganium）
505. 叶多对生或轮生；花单生，或在叶腋间形成聚伞花序。
　　506. 多年生草本；雌蕊由 1 枚或更多而互相分离的心皮组成；胚珠自子房
　　　　室顶端垂悬 ………………………………… 眼子菜科 Potamogetonaceae
　　　　　　　　　　　　　　　　　　　　（果藻属 Zannichellieae）
　　506. 一年生草本；雌蕊 1 枚，具 2~4 枚柱头；胚珠直立于子房室的基底
　　　　　　　　　　　　　　　　　　　　　　　　　茨藻科 Najadaceae
　　　　　　　　　　　　　　　　　　　　　　　　　（茨藻属 Najas）
504. 花两性或单性，排列成简单或分歧的穗状花序。
　　507. 花排列于一扁平穗轴的一侧。
　　　　508. 海水植物；穗状花序不分歧，但具雌雄同株或异株的单性花；雄蕊 1
　　　　　　枚，具无花丝而为 1 室的花药；雌蕊 1 枚，具 2 个柱头；胚珠 1 枚，垂悬
　　　　　　于子房室的顶端 ……………………… 眼子菜科 Potamogetonaceae
　　　　　　　　　　　　　　　　　　　　　　（大叶藻属 Zostera）
　　　　508. 淡水植物；穗状花序常分为二歧而具两性花；雄蕊 6 枚或更多，具极细
　　　　　　长的花丝和 2 室的花药；雌蕊由 3~6 枚离生心皮组成；胚珠在每室内
　　　　　　2 枚或更多，基生 …………………………… 水蕹科 Aponogetonaceae
　　　　　　　　　　　　　　　　　　　　　　（水蕹属 Aponogeton）
　　507. 花排列于穗轴的周围，多为两性花；胚珠常仅 1 枚
　　　　　　　　　　　　　　　　　　　　　　　眼子菜科 Potamogetonaceae
503. 陆生或沼泽植物，常有位于空气中的叶片。
　　509. 叶有柄，全缘或有各种形状的分裂，具网状脉；花形成一肉穗花序，后者常有一
　　　　大型而常具色彩的佛焰苞片 ……………………………… 天南星科 Araceae
　　509. 叶无柄，细长形、剑形，或退化为鳞片状，其叶片常具平行脉。
　　　　510. 花形成紧密的穗状花序，或在帚灯草科为疏松的圆锥花序。
　　　　　　511. 陆生或沼泽植物；花序为由位于苞腋间的小穗组成的疏散圆锥花序；
　　　　　　　　雌雄异株；叶多呈鞘状 ……………………… 帚灯草科 Restionaceae
　　　　　　　　　　　　　　　　　　　　　　（薄果草属 Leptocarpus）
　　　　　　511. 水生或沼泽植物；花序为紧密的穗状花序。
　　　　　　　　512. 穗状花序位于一呈二棱形的基生花葶的一侧，而另一侧则延伸为
　　　　　　　　　　叶状的佛焰苞片；花两性 ……………………… 天南星科 Araceae
　　　　　　　　　　　　　　　　　　　　　　（石菖蒲属 Acorus）
　　　　　　　　512. 穗状花序位于一圆柱形花梗的顶端，形如蜡烛而无佛焰苞；雌雄
　　　　　　　　　　同株 ………………………………………………… 香蒲科 Typhaceae
　　　　510. 花序有各种类型。
　　　　　　513. 花单性，为头状花序。
　　　　　　　　514. 头状花序单生于基生无叶的花葶顶端；叶狭窄，呈禾草状，有时叶

　　　　　为膜质 ………………………………… 谷精草科 Eriocaulaceae
　　　　　　　　　　　　　　　　　　　　　　　（谷精草属 Eriocaulon）
　　514. 头状花序散生于具叶的主茎或枝条的上部,雄性者在上,雌性者在下;叶细
　　　　长,呈扁三棱形,直立或漂浮于水面,基部呈鞘状 … 黑三棱科 Sparganiaceae
　　　　　　　　　　　　　　　　　　　　　　　（黑三棱属 Sparganium）
　513. 花常两性。
　　515. 花序呈穗状或头状,包藏于2个互生的叶状苞片中;无花被;叶小,细长形
　　　　或呈丝状;雄蕊1枚或2枚;子房上位,1～3室,每子房室内仅有1枚垂悬
　　　　胚珠 ………………………………………… 刺鳞草科 Centrolepidaceae
　　515. 花序不包藏于叶状的苞片中;有花被。
　　　　516. 子房3～6室,至少在成熟时互相分离 ……… 水麦冬科 Juncaginaceae
　　　　　　　　　　　　　　　　　　　　　　　（水麦冬属 Triglochin）
　　　　516. 子房1室,由3枚心皮连合组成 ………………… 灯芯草科 Juncaceae
499. 有花被,常显著,且呈花瓣状。
　517. 雌蕊3枚至多数,互相分离。
　　518. 死物寄生性植物,具有呈鳞片状而无绿色的叶片。
　　　519. 花两性,具2层花被片;心皮3枚,各有多数胚珠 … 百合科 Liliaceae
　　　　　　　　　　　　　　　　　　　　　　　（无叶莲属 Petrosavia）
　　　519. 花单性或稀可杂性,具一层花被片;心皮数枚,各仅有1枚胚珠
　　　　　　　　　　　　　　　　　　　　　　霉草科 Triuridaceae
　　　　　　　　　　　　　　　　　　　　　　（喜阴草属 Sciaphila）
　　518. 不是死物寄生性植物,常为水生或沼泽植物,具有发育正常的绿叶。
　　　520. 花被裂片彼此相同;叶细长,基部具鞘 ……… 水麦冬科 Juncaginaceae
　　　　　　　　　　　　　　　　　　　　　　　（芝菜属 Scheuchzeria）
　　　520. 花被裂片分化为萼片和花瓣2轮。
　　　　521. 叶(限于我国植物)呈细长形,直立;花单生或为伞形花序;蓇葖果
　　　　　　………………………………………………… 花蔺科 Butomaceae
　　　　　　　　　　　　　　　　　　　　　　　（花蔺属 Butomus）
　　　　521. 叶呈细长兼披针形至卵圆形,常为箭镞状而具长柄;花常轮生,为
　　　　　　总状或圆锥花序;瘦果 ………………………… 泽泻科 Alismataceae
　517. 雌蕊1枚,复合性或于百合科的岩菖蒲属 Tofieldia 中其心皮近于分离。
　　522. 子房上位,或花被和子房相分离。
　　　523. 花两侧对称;雄蕊1枚,位于前方,即着生于远轴的1枚花被片的基部
　　　　　　………………………………………………… 田葱科 Philydraceae
　　　　　　　　　　　　　　　　　　　　　　　（田葱属 Philydrum）
　　　523. 花辐射对称,稀可两侧对称;雄蕊3枚或更多。
　　　　524. 花被分化为花萼和花冠2轮,后者于百合科的重楼属中有时由细
　　　　　　长形或线形的花瓣组成,稀可缺。
　　　　　525. 花形成紧密而具鳞片的头状花序;雄蕊3枚;子房1室

............................ 黄眼草科 Xyridaceae

（黄眼草属 Xyris）

525. 花不形成头状花序；雄蕊 3 枚以上。

 526. 叶互生，基部具鞘，平行脉；花为腋生或顶生的聚伞花序；雄蕊 6 枚，或因退化而数较少 ………………………… 鸭跖草科 Commelinaceae

 526. 叶以 3 片或更多个生于茎的顶端而成一轮，网状脉而于基部具 3～5 脉；花单独顶生；雄蕊 6 枚、8 枚或 10 枚 ………… 百合科 Liliaceae

（重楼族 Parideae）

524. 花被裂片彼此相同或近于相同，或于百合科的白丝草属 Chinographis 中则极不相同，又在同科的油点草属 Tricyrtis 中，其外层 3 枚花被裂片的基部呈囊状。

 527. 花小型，花被裂片绿色或棕色。

  528. 花位于一穗形总状花序上；蒴果自一宿存的中轴上裂为 3～6 瓣，每果瓣内仅有 1 枚种子 …………………… 水麦冬科 Juncaginaceae

（水麦冬属 Triglochin）

  528. 花位于各种类型的花序上；蒴果室背开裂为 3 瓣，内有多数至 3 枚种子 ………………………………………… 灯芯草科 Juncaceae

 527. 花大型或中型，或有时为小型，花被裂片多少有些鲜明的色彩。

  529. 叶（限于我国植物）的顶端变为卷须，并有闭合的叶鞘；胚珠在每室内仅为 1 枚；花排列为顶生的圆锥花序 ……… 须叶藤科 Flagellariaceae

（须叶藤属 Flagellaria）

  529. 叶的顶端不变为卷须；胚珠在每子房室内为多数，稀可仅为 1 枚或 2 枚。

   530. 直立或漂浮的水生植物；雄蕊 6 枚，彼此不相同，或有时有不育者 ………………………………………… 雨久花科 Pontederiaceae

   530. 陆生植物；雄蕊 6 枚、4 枚或 2 枚，彼此相同。

    531. 花为四出数，叶（限于我国植物）对生或轮生，具有显著的纵脉及密生的横脉 ……………………… 百部科 Stemonaceae

（百部属 Stemona）

    531. 花为三出或四出数；叶常基生或互生 …… 百合科 Liliaceae

522. 子房下位，或花被多少有些和子房相愈合。

 532. 花两侧对称或为不对称形。

  533. 花被片均呈花瓣状；雄蕊和花柱多少有些互相连合 …… 兰科 Orchidaceae

  533. 花被片并不是均呈花瓣状，其外层者形如萼片；雄蕊和花柱相分离。

   534. 后方的 1 枚雄蕊常为不育性，其余 5 枚则均发育而具有花药。

    535. 叶和苞片排列成螺旋状；花常因退化而为单性；浆果；花被呈管状，其一侧不久即裂开 ………………… 芭蕉科 Musaceae

（芭蕉属 Musa）

    535. 叶和苞片排列成 2 行；花两性，蒴果。

     536. 萼片互相分离或至多可和花冠相连合；居中的 1 枚花瓣不成

　　　　　为唇瓣 ………………………………… 芭蕉科 Musaceae
　　　　　　　　　　　　　　　　　　　　　　（鹤望兰属 Strelitzia）
　　　536. 萼片互相连合成管状；居中（位于远轴方向）的1枚花瓣为大型而成唇瓣
　　　　　 ……………………………………………………… 芭蕉科 Musaceae
　　　　　　　　　　　　　　　　　　　　　（兰花蕉属 Ordchidantha）
534. 后方的1枚雄蕊发育而具有花药，其余5枚则退化，或变形为花瓣状。
　　　537. 花药2室；萼片互相连合为一萼筒，有时呈佛焰苞状 …… 姜科 Zingiberaceae
　　　537. 花药1室；萼片互相分离或至多彼此相衔接。
　　　　　538. 子房3室，每子房室内有多数胚珠位于中轴胎座上；各不育雄蕊呈花
　　　　　　　 瓣状，互相于基部简短连合 ……………………… 美人蕉科 Cannaceae
　　　　　　　　　　　　　　　　　　　　　　　　（美人蕉属 Canna）
　　　　　538. 子房3室或因退化而成1室，每子房室内仅含1枚基生胚珠；各不育
　　　　　　　 雄蕊也呈花瓣状，基部多少有些互相连合 ……… 竹芋科 Marantaceae
532. 花常辐射对称，也即花整齐或近于整齐。
　　　539. 水生草本，植物体部分或全部沉没于水中 ………… 水鳖科 Hydrocharitaceae
　　　539. 陆生草本。
　　　　　540. 植物体为攀缘性；叶片宽广，具网状脉（还有数主脉）和叶柄
　　　　　　　 ……………………………………………………… 薯蓣科 Dioscoreaceae
　　　　　540. 植物体不为攀缘性；叶具平行脉。
　　　　　　　541. 雄蕊3枚。
　　　　　　　　　542. 叶2行排列，两侧扁平而无背腹面之分，由下向上重叠跨覆；雄蕊
　　　　　　　　　　　 和花被的外层裂片相对生 ……………………… 鸢尾科 Iridaceae
　　　　　　　　　542. 叶不为2行排列；茎生叶呈鳞片状；雄蕊和花被的内层裂片相对
　　　　　　　　　　　 生 ……………………………………… 水玉簪科 Burmanniaceae
　　　　　　　541. 雄蕊6枚。
　　　　　　　　　543. 果实为浆果或蒴果，而花被残留物多少和它相合生，或果实为一
　　　　　　　　　　　 聚花果；花被的内层裂片各于其基部有2个舌状物；叶呈带形，边
　　　　　　　　　　　 缘有刺齿或全缘 ……………………………… 凤梨科 Bromieliaceae
　　　　　　　　　543. 果实为蒴果或浆果，仅由1朵花发育而成；花被裂片无附属物。
　　　　　　　　　　　544. 子房1室，内有多数胚珠位于侧膜胎座上；花序为伞形，具长
　　　　　　　　　　　　　 丝状的总苞片 …………………………… 蒟蒻薯科 Taccaceae
　　　　　　　　　　　544. 子房3室，内有多数至少数胚珠位于中轴胎座上。
　　　　　　　　　　　　　545. 子房部分下位 ……………………… 百合科 Liliaceae
　　　　　　　　　　　　　　　　　（粉条儿菜属 Aletris，沿阶草属 Ophiopogon，
　　　　　　　　　　　　　　　　　球子草属 Peliosanthes）
　　　　　　　　　　　　　545. 子房完全下位 ……………… 石蒜科 Amaryllidaceae